사랑하는
에게

작은 심장에게 들려주는

엄마 아빠 목소리

소중한 너를 위한 아름다운 태교 동화

작은 심장에게 들려주는 엄마 아빠 목소리

최문기 글 | 이주연 그림

Booksgo

작가의 말

동화를 만드는 아빠

안녕하세요. 엄마의 예쁜 그림에 어울리는 동화를 쓰는 남편, 최문기입니다.

동화를 쓰기 시작한 계기는.. 생각보다 거창했습니다. 사랑하는 아내에게 꼭 전하고 싶은 이야기를, 예쁘게 담아 주고 싶었어요. 물론 그 마음과는 달리, 처음 써낸 동화는 어딘가 소박하고 투박했지만, 그 안엔 제 진심이 오롯이 담겨 있었죠.

그래서였을까요? 아내가 그 동화를 받아 줬고, 결국 우리는 결혼까지 하게 되었습니다. (웃음) 프러포즈로 시작된 이 동화들이 이제는 여러분의 가족에게 사랑을 전하고, 아이에게 행복을 말할 수 있는 따뜻한 시작이 되었으면 하는 바람입니다.

저처럼 투박하고 서툰 말이라도 진심만 있다면 듣는 이에게는 분명 동화 같은 말이 되지 않을까요? 그리고 이 자리를 빌려, 이 글을 세상에 나오게 만든 단 한 사람에게 꼭 고마움을 전하고 싶습니다.

물심양면으로 채찍질(?)도 해 주고, 자신감을 북돋아 주며 글을 쓸 수 있게 해 준

저의 첫 번째 편집자이자 마지막 사랑, '여보'에게 말이에요. 항상 나를 믿어 주고, 응원해 줘서 정말 고마워요. 내 머릿속에서만 맴돌던 이야기가 책으로 태어날 수 있었던 건 당신의 따뜻한 독려 덕분이에요. 그래서 저는 이 동화들도 우리 유카와 미미처럼, 당신 덕분에 세상에 나온 아이들이라 생각해요.

항상 고맙고, 사랑합니다.

작가의 말

그림을 만드는 엄마

안녕하세요. 아빠 동화의 예쁜 그림을 그리는 아내, 이주연입니다.
저는 남편이 만든 동화를 읽고 상상한 이미지를, 제 스타일대로 감성 가득한 그림으로 만들고 있어요. 이 일을 시작하게 된 특별한 계기를 들려드릴게요.

여러분은 프러포즈 선물로 어떤 걸 받으셨나요? 반짝이는 반지, 고급스러운 명품 가방 혹은 동화 속에 나올 법한 예쁜 구두처럼.. 누구나 잊지 못할 선물이 있겠죠. 저는 세상에 단 하나뿐인 아주 특별한 선물을 받았습니다. 바로 '동화책'이에요. 남편은 저희의 이야기를 한 편의 동화로 만들어 프러포즈 선물로 주었습니다. 그 내용이 너무 예뻐서 보물처럼 소중히 간직하고 있다가 '이 동화 너무 예쁜데 더 많은 사람에게 자랑하고 싶다'라는 생각이 들더라고요.

그렇게 제 블로그에 남편이 쓴 '아빠 동화'를 한 편, 두 편 연재하기 시작했고, 많은 분이 따뜻한 반응을 보내 주셨어요. 그 후 저희 부부는 '월간 동화'처럼 새로운 주제의 동화를 함께 만들어 연재했습니다. 작년에는 《율아맘의 무염 저염 유아식》의 저자인 율아맘(연새댁)님의 도움으로 전자책도 출간할 수 있었어요.

조금씩 남편의 글을 세상에 알리면서, 더 많은 사람에게 이 예쁜 글을 전하고 싶다는 꿈이 생겼습니다. 지금 그 꿈을 실현할 수 있게 되어 참 감사한 마음이에요. 이 자리를 빌려 꼭 감사 인사를 전하고 싶습니다. 늘 예쁜 글을 써 주는 최고의 작가 남편, 동화의 영감이 되어 주는 아들 유카와 딸 미미, 매주 아이들을 보러 멀리서 오시는 저희 엄마, 어머님과 아버님 그리고 블로그에서 따뜻한 응원을 보내 주신 찐 이웃분들 진심으로 감사드립니다.

이 책을 준비하며 둘째를 뱃속에 품고 남편과 카페에서 동화 구상을 하던 날이 떠올랐어요. 육아를 하다 보면 '우리 아이'에게 온전히 집중하느라 '우리 둘(부부)'은 뒤로 밀릴 때가 많아요. 저희 부부도 그랬지만, '동화'라는 공통된 꿈을 향해 함께 고민하고 작업하는 시간이 저희에겐 참 특별했어요. 육아를 넘어 또 다른 목표를 함께 만들어 가는 그 순간들이 저희에게 새로운 에너지를 주었고, 그 감정의 결이 지금도 마음을 따뜻하게 감싸 줍니다. 이 책을 읽으시는 분께도 잠시나마 그런 따뜻한 에너지와 행복의 결이 전해지기를 진심으로 바랍니다.

차례

1

봄을 만난 북극곰

북극이라는 곳은 우리나라처럼 봄, 여름, 가을, 겨울이 아닌 오로지 겨울만 있는 곳이었죠.

그곳에 호기심이 많은 멋진 흰색 털을 가진 북극곰이 살고 있었어요.

그 북극곰은 북극에서 나고 자란 당당한 북극의 주인이었죠. 그러던 어느 날이었어요.

여느 때와 같이 북극곰은 한가로이 자고 있었어요.

그때, 갑자기 하늘에서 새 한 마리가 북극곰 앞으로 뚝 떨어졌어요.

북극곰은 이게 무슨 일이야 하며 그 새 앞으로 다가갔어요.

가까이에서 본 새는 매우 늙고 병이 들어 있었어요.

북극곰은 그 처량하고 안타까운 새의 모습에 불쌍한 생각이 들었어요.

북극곰은 그 새에게 말을 걸었어요.

"아주 늙고 볼품없는 새로구나?"

북극곰의 말에 늙은 새는 힘겹게 고개를 들어서 북극곰을 보며 힘없이 웃으며 말했어요.

"평생, 이 겨울 땅에서만 살아온 너에게 그런 말을 들으니 매우 비참하구나.."

"겨울 땅? 여기는 북극인데?"

북극곰은 처음 듣는 단어에 고개를 갸웃거리며 새에게 다시 물었어요.

그러자 늙은 새는 어디서 그런 힘이 났는지 크게 웃으며 말했어요.

"하하하! 이 눈과 얼음밖에 없는 삭막한 땅을 '겨울 땅'이라 부르지 그럼 무엇이라 부르겠나! 이 세상에는 불과 더위만 있는 '여름 땅'도, 쓸쓸한 바람이 부는 '가을 땅'도, 시작의 향기가 가득한 '봄의 땅'도 있지!"

"여름 땅.. 가을 땅.. 봄의 땅..?"

북극곰은 여전히 이해가 안 되는 듯이 늙은 새의 말을 읊조렸다.

늙은 새는 북극곰의 말을 못 들었는지 눈을 감고 말했어요.

마치 행복한 꿈을 꾸고 싶다는 듯이 눈을 감고 말이죠.

"난.. 시작의 향기가 가득한 땅에서 죽고 싶었어.. 이렇게 삭막한 땅에서 죽고 싶지 않았..어.."

"봄의 땅? 그곳은 어딘데?"

"아아~ 생명이 시작하는 향기가 가득하고.. 초록의 들판이 열리는 땅..이지.. 이 삭막한 땅의 추위가 끝나는 땅이기도 하고.. 꼭 다시 가서 그 향기를.. 그 온기를 느끼고 싶었는데.."

그 말을 끝으로 늙은 새는 더 이상 입을 열지 않았어요.

그리고 긴 잠에 빠져들었어요.

늙은 새는 이제 더 이상 말을 하지 않았지만, 늙은 새의 마지막 말은 북극곰의 뇌리에 깊이 박혔어요. 마치 잔향이 남듯이..

그로부터 한참이 지난 어느 날 문득 북극곰은 그런 생각이 들었어요.

이곳에서 사는 것이 맞는 건가?

“봄을 찾아야겠다.”

곰은 나지막이 말을 하고는 몸을 움직였어요.

그래요. 오랫동안 곰을 옥죄이고 있던 '봄'이란 단어가 곰을 움직이게 만든 거예요.

하지만 곰은 어디로 가야 봄을 찾을 수 있는지 알 수 없어서 어쩔 수 없이 자신이 아는 최고의 꾀돌이를 만나러 가기로 했어요.

"캬웅! 나.. 난 맛없다고 말했잖아!"

북극곰이 만나러 간 꾀돌이는 새하얀 북극여우였어요.

북극여우야말로 그가 아는 최고의 꾀돌이였거든요.

북극곰은 고개를 저으며 자신의 이야기를 했어요.

그런데 북극곰의 이야기를 듣던 북극여우의 입꼬리가 점점 오르기 시작했어요.

'이거 잘만 이용하면 그놈을 없앨 수 있겠다'라고 생각하면서 말이죠.

"그런 거라면 잘 찾아왔네! 나는 어제도 봄을 보러 갔다 왔는걸?"

북극여우는 웃으며 북극곰에게 말을 했어요.

북극곰은 북극여우의 말에 화들짝 놀라며 말했어요.

"봄을 보러 갔었다고? 봄은 대체 어디에 있었어?"

"그런데 북극늑대 놈이 봄을 홀라당 훔쳐서 도망갔지 뭐야.. 너무 속상해!"

북극곰은 너무너무 화가 났어요.

자신은 한 번도 보지도 못한 봄을 훔쳐서 혼자서만 보다니! 하면서 말이죠.

북극곰은 그대로 북극늑대를 찾아갔어요.

그리고 만나자마자 북극늑대에게 큰 소리로 윽박질렀어요.

"깨갱! 왜 이래!"

"나쁜 놈! 이 도둑놈! 봄을 내놔!"

북극곰의 말을 들은 북극늑대는 억울하다는 듯이 말을 했어요.

"그게 무슨 말이야! 알아듣게 말해!"

"봄! 봄을 내놔!"

북극늑대는 죽기 싫었어요.

그래서 침착하게 북극곰을 설득하고 북극곰의 이야기를 듣기 시작했어요.

북극곰의 말을 다 들은 북극늑대의 얼굴이 분노로 붉어졌어요.

"난 그 봄인지 뭔지도 알지 못한다고! 어떻게 잘 알지도 못하는 '봄' 때문에 가까이 있는 친구를 이렇게 아프게 할 수 있어?"

북극곰은 그제야 자신이 북극여우에게 속았다는 것을 알게 되었어요.

북극곰은 바로 몸을 움직여 상처에 좋은 약을 가져와서 북극늑대가 나을 수 있게 약을 발라 주고 상처가 아물 때까지 지켜 줬어요.

북극늑대의 상처가 다 아물고 나서도 북극곰은 북극늑대의 곁에서 용서를 빌듯이 있었죠.

그러던 어느 날 북극늑대가 말했어요.

"이젠 됐어. '봄'이란 것을 찾으러 가."

"응? 왜 그래! 내가 뭐 잘못했어?"

"아니, 너에게 필요한 건 '친구'가 아니라 '봄'인 거 같아."

사실 북극늑대는 북극곰이 때때로 먼 곳을 응시하는 것을 보고 있었어요.

그것이 무엇을 뜻하는지도 알고 있었어요.

그렇기에 북극곰을 보내 주기로 한 거예요.

"네가 '봄'을 찾는다고 해도 우리가 친구가 아닌 건 아니잖아?"

북극곰은 웃으면서 고개를 끄덕였어요.

그 미소를 본 북극늑대의 얼굴도 똑같은 미소를 지었어요.

둘은 서로를 향해 웃음을 짓고는 그렇게 헤어졌어요.

이제 다시 혼자가 된 북극곰은 자기처럼 땅에서만 있는 게 아니라 넓은 바다를 헤엄치는 흰고래를 찾아갔어요.

흰고래는 갑작스레 찾아온 북극곰을 환대해 주며 말했어요.

"무슨 일이니, 북극곰아?"

북극곰은 흰고래에게 말했어요.

"혹시 너는 '봄'을 알고 있니? 너처럼 경험이 많은 고래라면 알 수도 있을 거 같아서 물어보는 거야."

흰고래는 고개를 갸웃거리며 말했어요.

"봄이라.. 알지~ 바다에도 봄이 오는 걸~"

봄을 안다는 흰고래의 말에 북극곰은 화들짝 놀라며 말했어요.

"진짜? 그럼 나에게도 봄을 보여 줄 수 있을까?"

"그건 좀 곤란해."

북극곰의 물음에 흰고래는 안 된다는 듯이 말했어요.

"왜? 한 번만 부탁해!"

북극곰의 간절한 말에 흰고래는 이유를 설명해 주었어요.

"그렇지만 우리는 너무 다른걸? 아마 내가 사는 바다에서 잠깐만 머물러도 너는 죽고 말 거야."

흰고래의 말은 이해가 갔지만, 그래도 북극곰은 포기할 수 없었어요.

봄을 진짜로 아는 존재가 눈앞에 있었으니까요.

"제발! 내가 한번 맞춰 볼게! 노력해 볼게!"

하지만 북극곰의 이런 간절함에도 흰고래는 단호하게 고개를 저으며 거절했어요. 둘은 다르니까요.

그래도 간절한 북극곰의 실망하는 모습이 안쓰러웠는지 흰고래가 말했어요.

"저~~기 저쪽에 '사람'이라는 동물이 살고 있는데, 그들은 아주 멀리서 왔다고 하더라고 그들에게 한번 물어보면 어때?"

북극곰은 흰고래의 말을 듣고 다시 활기차게 움직였어요.

많은 경험을 한 그 흰고래의 말을 믿고 말이죠.

그렇게 찾아간 곳에서 사람을 만나는 건 쉽지 않았어요.

이유는 모르겠지만, 북극곰을 피하는 듯한 모습을 보였기 때문이었죠.

하지만 북극곰은 실망하지 않고 계속 그들의 주변을 서성였어요.

언젠간 그들과 대화를 할 수 있을 거라는 기대를 하면서 기다렸어요.

그러던 어느 날 한 사람이 조심스레 북극곰을 찾아왔어요.

자꾸 그들의 주변을 서성이는 모습에 호기심이 생겨서였죠.

"북극곰아, 왜 자꾸 우리 주변에 있는 거니?"

그러자 북극곰은 너무너무 반가운 나머지 울면서 말했어요.

“나는 ‘봄’을 찾고 있어요. 그런데 ‘봄’을 아는 흰고래가 당신들이라면 나에게 봄을 찾아 줄 수 있을 거라 말해서 왔어요.”

그런 곰의 말을 들은 사람은 난감해하기 시작했어요.

왜냐하면 봄은 그들이 가져와서 ‘자! 봐봐!’ 하고 줄 수 있는 게 아니었기 때문이었죠.

“음.. 우선 이걸 한번 볼래?”

사람은 집으로 들어가 그림 하나를 가져왔어요.

북극곰은 경쾌한 발걸음으로 사람을 찾아갔어요.

사람은 북극곰을 보자마자 말을 걸었어요.

“이리 와! 너를 위해 준비한 게 있어! 아주 힘들었다구!”

사람을 따라 들어간 곳은 아주 따뜻한 공간이었어요.

그리고 그 공간 한가운데에 무언가 있었죠!

북극곰은 그것을 본 순간 바로 알아차렸어요.

‘아! 저것은 봄의 상징이라는 ‘꽃’이구나!’

설레고 두근거리는 마음을 안고 북극곰은 꽃을 향해 다가갔어요.

가까워질수록 북극곰의 코에 스며드는 향기와 한 번도 보지 못한 색.

그때 북극곰은 알았어요.

새하얗고 삭막한 자신의 세상에 처음으로 다른 색이 들어온 것을요.

"첫눈에 알았어요."

사람은 북극곰의 말이 무슨 말인지 단번에 이해했다는 듯이 웃으며 말했어요.

"어렵게 데려온 거야!"

북극곰은 웃으며 사람에게 감사 인사를 했어요.

사람은 그런 북극곰을 보고, 하하 웃으며 자리를 비켜 줬어요.

"그럼 좋은 시간 보내라고!"

북극곰은 사람이 가고 나서 조심스레 꽃 옆에 앉았어요.

꽃은 아무 말도 없었어요.

하지만 북극곰은 알 수 있었어요.

이 꽃은 살아 있다는 것을..

"있잖아? 난 여태껏 '봄'에 대해서 많은 상상을 했어. 어떤 모습일까? 얼마나 좋을까? 얼마나 행복할까?"

북극곰은 꽃이 듣고 있다는 듯이 계속 말을 걸었어요.

"그런데 너를 본 순간 바로 알았어. 나에게 있어 '봄'은 바로 너야. 사람은 너를 '봄'의 상징이라고 했지만 **나에게 있어서 넌 '봄' 그 자체야.**"

그리고는 꽃을 끌어안았어요.

소중한 꽃이 다칠까 봐 덜덜 떨면서요.

북극곰은 '봄'을 찾았어요.

품 안에 있는 그 향기와 색을 잃어버릴까 꼬옥 안은 채로 행복한 미소를 지으면서 말이에요.

나의 봄,
너를 만나 행복한 계절

* * * * * * *

북극곰이 살고 있는 곳에는 봄이 없었어요. 그래서 북극곰은 봄을 찾아 떠나요. 봄을 찾아 떠난 북극곰은 여우, 늑대, 흰고래를 만나 친구가 되고 마침내 꽃을 만나면서 봄을 찾을 수 있었어요. 여러분의 봄은 찾았나요?

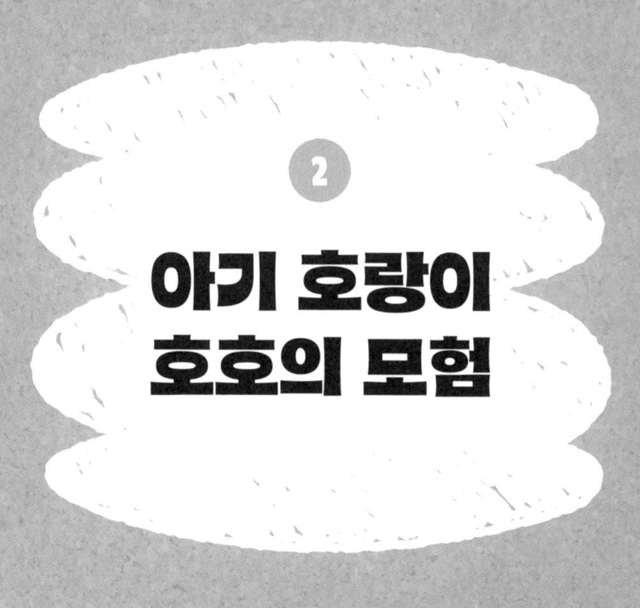

2

아기 호랑이 호호의 모험

옛날옛날 어느 옛날, 높고 큰 산을 지키는 '산군'이라는 호랑이가 있었어요.

날아다니는 새들도, 지나가는 토끼들도 놀라서 도망가게 하는 그녀에게도 한 가지 고민이 있었어요.

바로 하얀 털의 아들 '호호' 때문이었죠.

호호는 장난기와 호기심이 아주 많아서 겁도 없이 위험해 보이는 일도 턱턱 하고는 했죠.

절벽 아래의 꽃을 따려고 뛰어내리려 하거나, 잠자는 곰의 엉덩이를 치고 도망가거나 하는 위험하고 아찔한 일들을 말이에요.

그러던 어느 날, 사냥을 끝내고 지친 몸으로 집에 돌아온 날이었어요.

"에구구.. 힘들다."

산군은 허리를 앞발로 툭툭 치며 에구구~ 한숨을 쉴 때였어요.

"엄마!"

호호를 본 산군은 깜짝 놀랐어요.

새하얀 호호의 털이 새까맣게 그을려 있었어요.

"호호야, 대체 그 꼴이 뭐니?"

산군은 화가 나서 호호에게 소리를 질렀어요.

하지만 호호는 그런 산군의 마음을 아는지 모르는지 해맑게 웃으며 말했어요.

"고기를 구워 먹으면 훨씬 맛있다길래 구워 보려고 불을 피우다가 좀 그을렸어요!"

당당하게 말하는 그 모습에 산군은 어이가 없어서 화가 나기 시작했어요.

'불이라니! 그렇게 위험한 것을 겁도 없이 건드리다니!'

"내가 못 살아! 넌 누굴 닮아서 이렇게 사고뭉치니?"

산군의 말을 들은 호호는 고개를 갸웃거리며 되물었어요.

"난 엄마 닮은 거 아니에요?"

호호의 순진하고 순수한 질문에 산군은 화가 나는 마음을 참지 못하고 말했어요.

"호호 너랑 엄마랑 닮은 부분이 없잖니!"

그 말을 들은 호호는 엄마를 빤히 쳐다봤어요.

그 순간 하나씩 깨닫기 시작했어요.

엄마는 자신과 모습이 달랐기 때문이에요.

엄마는 자신처럼 흰 털이 아닌 멋진 황금색 털이었죠.

겉모습이 다르다고 생각하자 호호는 골똘히 생각하기 시작했어요.

'그럼 내 가족은 어디에 있는 걸까?'

그날 밤 어둠 속에서 하얀색 꼬리가 움직이기 시작했어요.

바로 호호였죠.

'어디에서 내 진짜 가족을 찾아야 할까?'

호호는 생각했어요.

아! 그러고 보니 이전에 산에서 놀다가 마주쳤던 여우들이 했던 말이 생각났어요.

"저 멀리 초원에는 흰 피부에 검은 줄을 가진 동물이 있다고 하던데!"

'그래! 내 진짜 가족은 저 멀리 초원! 거기에 있구나.'

호호는 작고 귀여운 앞발을 톡톡 치며 기억해 냈어요.

호호의 발걸음은 어디인지도 모르는 초원을 향하여 한 걸음 한 걸음 나아갔어요.

발걸음은 사뿐사뿐, 꼬리는 살랑살랑 모험을 시작하는 어린 호랑이의 경쾌한 시작이었어요.

호호가 떠난 다음 날, 산군은 전날 사냥의 피로가 풀리지 않았는지 평소보다 늦잠을 잤어요.

진짜 가죽을

'이상하다? 오늘따라 왜 이렇게 오래 자는 거 같지?'

산군은 늦잠을 자면서도 이상하다고 생각했어요.

왜냐하면 항상 호호가 아침부터 바쁘게 움직이는 소리에 눈을 뜰 수밖에 없었으니까요.

그때 무언가 이상한 기분에 산군은 잠자고 있던 눈을 번쩍 떴어요.

그리고 눈앞에 있는 호호의 나뭇잎 편지를 보고 소스라치게 놀라며 집 밖으로 호호를 부르며 뛰쳐나갔어요.

"호호야!"

산이 떨릴 정도로 큰 목소리였어요.

그렇게 산군과 호호가 떠난 집에 덩그러니 남겨져 있는 나뭇잎 편지에는 이렇게 적혀 있었어요.

'진짜 가족을 찾으러 떠나요!'

호호의 가벼운 발걸음은 멈추지 않았어요.

산 넘고 물을 건너는 동안에도 말이죠.

아! 중간에 아주 예쁜 나비를 따라가다가 잠시 길을 잃은 것을 빼고는 말이죠.

그렇게 며칠을 걸었을까요?

초원보다 먼저 도착한 대나무 숲에서 호호의 눈앞에는 자신과 비슷한 흰색과 검은색 옷을 입은 곰이 보였어요.

누가 봐도 호호와 같은 색이었죠.

'내 가족인가 봐!'

호호는 곧바로 곰에게 뛰어가며 소리쳤어요.

"안녕하세요! 드디어 만나네요!

호호의 발랄한 목소리에 곰은 하던 일을 멈추고 뒤를 돌아보았어요.

그러자 뒤에는 작고 하얀 털 뭉치가 보였어요.

그런데.. 호랑이었죠!

"호.. 호랑이다!"

곰은 놀라서 소리쳤지만 호호는 이미 곰 앞에 다가와서 곰을 보며 꼬리를 살랑살랑 흔들었어요.

너무도 신기했죠.

호호는 여태껏 산에서 살면서 자신과 비슷한 색을 가진 동물은 처음이었거든요.

"안녕하세요? 저는 아기 호랑이 호호라고 해요! 아저씨가 제 가족 맞죠?"

호호의 물음에 곰은 대답했어요.

"너는 호랑이 아니니?"

"네! 호호라고 해요!"

"나는 판다란다. 이름은 '아판'이라고 해. 그런데 가족이라니?"

아판은 호랑이인 호호가 왜 자신을 가족이라 하는지 궁금했어요.

"왜냐하면요! 저랑 같은 흰색과 검은색 털을 가지고 있잖아요!"

호호의 해맑은 대답에 아판은 크게 웃으며 들고 있던 대나무를 내려놓으며 말했어요.

"그래, 호호야. 털의 색이 같으니 우리는 가족이구나!"

아판은 호호의 말을 긍정해 주며 말했어요.

하지만 이내 고개를 저으며 다시 말했어요.

"그런데 지금 보니까 넌 줄무늬구나! 난 이렇게 동글동글한데!"

아판이 웃음을 멈추지 못하며 호호에게 말했어요.

호호의 엉뚱함이 아판을 웃게 했기 때문이에요.

아판의 말에 호호는 다시 아판을 쳐다보았어요.

그러고 보니 아판의 눈은 누구에게 한 대 맞은 듯 까만 동그라미가 두 개 있었어요.

몸에도 자신처럼 가느다란 검은 줄이 아니라 검은 옷을 입은 듯한 모습이었어요.

"아판은 내 가족이 아니군요!"

호호의 말에 아판은 고개를 끄덕이며 말했어요.

"그래, 너랑 나는 가족이 아니란다! 대신에 친구는 될 수 있겠지?"

"그럼 우리 친구 해요! 하지만 나는 지금 내 가족을 찾아가야 해요!"

아판은 호호의 말을 묵묵히 들어주었어요.

하지만 듣다 보니 이상해서 호호에게 충고해 주기로 했어요.

"호호야, 가족은 닮았냐 안 닮았느냐로 정해지는 게 아니란다."

"그래요? 그럼 어떤 거로 정해지는 거예요?"

호호의 말에 아판은 잠시 말을 못했어요.

아판도 가족에 대해 생각해 본 적이 없었거든요.

"음.. 그것에 대해선 나도 찾아봐야겠구나!"

"그런가요? 그럼 나도 찾아보러 가야겠어요! 얼른 내 가족을 찾고 싶거든요!"

말을 마친 호호는 갑작스레 일어나서 다시 꼬리를 살랑살랑 흔들며 뛰어가기 시작했어요.

아판이 호호를 붙잡기도 전에 어느새 저 멀리 가 버렸어요.

그런 호호를 붙잡으려고 뻗었던 팔을 슬며시 내리며 아판은 중얼거렸어요.

"가족은 그런 게 아닌데.."

답답한 아판의 말을 듣지 못한 호호는 다시 초원으로 향해 뛰어갔어요.

진짜 가족을 찾기 위해서 말이죠.

아판과 헤어진 호호는 계속해서 가족을 찾아 여행하고 있었어요.

아무리 힘들어도 발걸음이 멈추는 일이 없었죠.

그렇게 며칠이 지났을까요? 호호는 드디어 초원에 도착했어요.

푸른 풀로 뒤덮인 드넓은 초원을 보며 호호는 두 다리를 번쩍 들어 하늘을 향해 만세를 외쳤어요.

“야호! 드디어 왔다!”

기뻐하는 호호의 눈이 초원의 끝에 머물렀어요.

그곳에는 호호랑 똑 닮은 무늬의 동물이 있었어요.

여태껏 한 번도 보지 못했던 동물이지만 호호는 단번에 알아보았죠.

‘분명히 내 가족일 거야!’ 하고 말이에요.

호호는 다다다 뛰기 시작했어요.

“안녕하세요!”

호호가 가까이 가서 본 동물은 흰색 바탕에 검은색 줄무늬가 있고 길쭉한 얼굴과 다리를 가지고 있었어요.

호호는 두근거리는 마음으로 물었어요.

“저는 호호라고 해요! 혹시 제 가족이신가요?”

호호의 물음에 줄무늬가 있는 동물은 고개를 갸웃거리며 말했어요.

“안녕? 나는 얼룩말 ‘루기’라고 해! 가족을 찾고 있니?”

“네! 맞아요!”

루기는 어린 호호를 보고 어렸을 적 자신의 모습이 떠올라 마음이 안쓰러웠어요.

“그럼 내가 너의 가족이 되어 줄게!”

루기는 환하게 웃으며 호호에게 말했어요.

호호는 기쁜 나머지 하얀색 꼬리를 흔들면서 루기 주위를 빙빙 돌았어요.

드디어 가족을 찾았기 때문이었죠.

"그나저나 우리 호호는 배고프지 않니? 벌써 점심인데."

"맞아요! 역시 우린 가족인가 봐요! 제가 배고픈 걸 어떻게 알았어요?!"

호호는 펄쩍 뛰며 말했어요.

자신이 배고프다고 말하지 않았는데도 알아주다니! 너무 신기한 일이 아니겠어요?

"자! 그럼 나랑 같이 밥 먹으러 가자!"

루기는 호호가 귀엽다는 듯이 씨익 웃고 나서 밥을 먹으러 출발했어요.

물론 호호도 함께 말이죠.

얼마나 지났을까요?

루기는 호호를 데리고 드넓은 초원 한가운데에서 멈췄어요.

"자! 이제 밥을 먹자!"

"네?"

루기는 호호에게 싱싱하고 파릇파릇한 풀잎을 내밀었어요.

호호는 당황했어요.

살면서 한 번도 풀을 먹어 본 적이 없었기 때문이었어요.

"고기는 없나요?"

"무슨 소리니?"

루기는 호호가 고기를 찾자 잠시 당황하면서 다시 한번 호호를 천천히 살펴보았어요.

그러자 여태껏 눈치채지 못했던 것들이 눈에 들어오기 시작했죠!

첫 번째로 호호의 도톰한 발이었죠.

생각해 보니 루기의 발은 이렇게 도톰하고 크지 않았거든요.

두 번째는 호호의 이빨이었어요. 뾰족뾰족 날카로운 이빨은 어디선가 보았던 것들이었죠. 루기는 차분하지만 떨리는 마음으로 말을 했어요.

"너 혹시.. 풀은 먹어 본 적이 없니?"

"네! 엄마는 매번 저한테 고기를 가져다주셨는걸요?"

호호는 루기의 물음에 해맑게 웃으며 말했지만, 루기의 뒤통수에는 커다랗게 땀이 맺히기 시작했어요.

맞아요. 호호는 육식동물이었으니까요.

그리고 루기는 살면서 저런 도톰한 발과 날카로운 이빨을 가진 동물을 알고 있었어요.

루기가 알고 있는 그는 초원의 왕이었죠.

"사자다! 사자가 나타났다!"

루기는 꼬리가 빠지게 도망가기 시작했어요.

언제 저 귀여운 사자가 자신을 잡아 먹을지 모른다는 무서움에 말이죠.

멀어져 가는 뒷모습을 보고 시무룩하던 호호의 뒤에서 다른 동물의 목소리가 들려왔어요.

이글거리는 태양을 배경으로 갈색 털에 날카로운 이빨, 크고 두꺼운 발바닥에 날카로운 발톱이 있는 무서운 동물이 호호를 바라보고 있었어요.

"누.. 누구세요..?"

호호는 떨리는 목소리로 말했어요.

호호의 물음을 들은 그 동물은 눈이 초승달처럼 휘며 웃었어요.

"나? 이 초원의 왕, 사자 '이사'라고 해. 넌 여기서 뭐 하고 있니?"

호호는 자신을 사자라고 소개하는 동물을 쳐다보았어요.

그 동물은 호호처럼 날카로운 이빨과 손톱을 가지고 있었죠!

"안녕하세요? 저는 호호예요! 가족을 찾으러 돌아다니고 있어요!"

"가족을 찾으러 다닌다고? 무슨 사연이 있니?"

"꼬르륵"

이사가 호호에 대한 생각을 다 마치기도 전에 호호의 뱃속에서 꼬르륵 소리가 났어요!

"저런.. 배가 고픈 모양이구나? 이거라도 먹으련?"

이사는 배가 고픈 호호에게 고기 한 덩어리를 주었어요.

마침 사냥을 끝내고 집으로 돌아가는 길이었거든요.

"어? 고기다!"

호호는 이사가 주는 고기를 허겁지겁 먹기 시작했어요.

게 눈 감추듯 호로록 먹은 호호의 입 주변에 묻은 고기를 보고 이사는 웃으며 얼굴을 닦아 주었어요.

그러고는 호호의 손을 잡고 이야기했어요.

"가족을 찾고 있다면 우리 무리와 가족이 되지 않을래?"

이사의 말에 호호는 다시 눈빛을 빛내며 말했어요.

"나도 사자가 되는 거예요?"

"깔깔, 그래! 너도 이제부터 사자란다!"

이사는 호호의 천진난만한 말에 밝게 웃으며 자신의 무리에 호호를 데려갔어요.

이사의 무리에는 호호 또래의 사자가 있었어요.

호호에게 친구가 생기는 순간이었죠.

"안녕? 나는 '아사'야! 너는 누구니?"

"난 호호라고 해! 반가워, 아사야!"

아사와 호호는 어느새 친구가 되었어요.

호호와 아사는 이곳저곳을 뛰어다니며 놀기 시작했어요.

그러다 어느 순간 아사가 호호에게 물어보았어요.

"호호야, 너는 왜 여기 초원에 오게 된 거야?"

아사의 물음에 호호는 가족을 찾으려고 여행을 다니다가 사자 무리에 들어오게 되었다고 이야기했어요.

그런 호호의 말에 아사는 고개를 갸웃거리며 말했어요.

"가족을 찾는다고?"

"응응! 내 진짜 가족을 찾는 거야!"

"왜?"

아사의 질문에 호호는 당당하게 말했어요.

"왜냐니! 가족은 항상 같이 있는 거니까 그렇지!"

호호의 말에 아사는 더욱더 이해가 안 간다는 듯이 말했어요.

"그럼 같이 있어야 가족인 거야? 아니면 가족이니까 같이 있는 거야?"

"응?"

"난 항상 같이 있는 우리 무리의 동물들이 가족이라 생각하거든! 그런데 너는 가족이니까 같이 있어야 한다고 하길래 두 개가 다른 말인가 해서!"

아사의 말에 호호는 잠시 생각에 잠겼어요.

그러다 갑자기 엄마 산군이 생각이 났어요.

항상 같이 있었고, 자신을 사랑해 주던 엄마 말이에요.

"나! 나나나나! 생각났어! 다시 돌아가야겠어!"

"응? 어디 가?"

"진짜 가족에게~ 안녕, 아사야! 이사한테도 나 돌아간다고 전해 줘!"

"잘 가! 다음에 또 놀러 와!"

아사는 허겁지겁 뛰어가는 호호를 보며 손을 흔들어 주었어요.

친구가 진짜 가족을 찾기 위해 집에 돌아가려 하는 거 같아서 기분이 좋았죠.

"엄마!"

호호는 다시 집으로 돌아가기 위해 작고 귀여운 발을 바삐 움직이며 뛰어가기 시작했어요.

아사와 인사를 하고 돌아선 호호는 그동안 왔었던 길을 다시 돌아가기 시작했어요.

뛰고 걷고 또다시 뛰어갔어요.

호호의 발걸음은 멈추지 않았어요.

초원을 건너 아판이 있는 대나무 숲을 건너, 다시 엄마가 있는 산으로 돌아왔어요.

모래와 먼지에 뒤덮인 작은 호호의 발이 조심스럽게 집을 향해 가고 있을 때였어요.

집으로 가는 호호를 보고 다른 동물들이 호들갑을 떨어대며 호호에게 다가와서 말을 걸었어요.

"호호야! 어디 갔다 왔니! 산군이 많이 노하셨어!"

부엉이가 호호의 주변을 푸드덕 날며 호호에게 다가와 말했어요.

부엉이가 어찌나 푸드덕거리면서 말을 거는지 호호의 작은 발이 앞으로 제대로 나아가지 못했어요.

"다다야, 나 지금 엄마에게 가고 있어! 길을 비켜 주겠니? 엄마에게 빨리 가 봐야 해!"

호호의 말에 다다는 재빨리 날개를 접어서 호호에게 길을 내주었어요.

호호가 다시 힘차게 발걸음을 떼려고 하자 이번에는 산 여우들이 다가와 말했어요.

"호호야! 산군이 엄청 소리를 치며 너를 찾던데 어디에 있었니?"

여우들의 호들갑에 호호의 발걸음은 잠시 멈췄어요.

'엄마가 화가 많이 나셨구나..어떡하지..'

그렇지만 호호는 엄마가 보고 싶은 마음에 다시 무거운 발걸음을 떼서 걷기

시작했어요.

처음 산을 떠나갈 때와는 달리 호호의 얼굴은 먹구름이 드리워진 듯 어두웠죠.

그렇게 무거운 발걸음을 힘겹게 떼서 걷던 호호의 눈앞에는 어느새 집이 보였어요.

조심스럽게 문을 열고 들어갔지만, 무거운 정적과 차가운 분위기만이 호호를 맞이해 주었어요.

호호는 문 앞에 앉아서 엄마를 기다리고 또 기다렸어요.

그때였어요.

산이 쩌렁쩌렁 울리는 엄마의 목소리가 들려오기 시작했어요.

"호호야! 호호야!"

산이 무너질 듯 크게 울부짖는 엄마의 목소리에 호호의 목은 거북이처럼 움츠러들었지만, 용기를 내서 엄마에게 달려가기 시작했어요.

호호가 달려간 곳에는 홀쭉해진 산군이 있었어요.

많이 피곤해 보이는 얼굴이었죠.

호호는 두리번거리며 자신을 찾는 산군의 뒤에서 자그마한 목소리로 말했어요.

"엄마.. 화났어요..?"

휙! 산군이 숙였던 고개를 들자 시선의 끝에 사랑스러운 아들 호호가 산군의 눈치를 보며 쭈뼛거리고 있었어요.

"엄마 미안해요. 잘못했어요."

호호의 말에 산군은 마음속에서 무언인가 탁 풀어지는 느낌을 받았어요.

"아니야. 무사히 돌아와서 다행이야. 잘 돌아왔어."

산군은 호호가 떠난 뒤 한 번도 짓지 못한 웃음을 지으며 호호를 안아 주며 말했어요.

"엄마가 미안해. 누가 뭐래도 넌 사랑하는 내 아들이야."

엄마의 말에 호호는 가족이 무엇인지 정확하게 알았어요.

"응! 나도 사랑해요, 엄마!"

호호가 웃으며 말하자 산군도 함께 웃으며 호호를 더욱더 꼬옥 안았어요.

가족이라는 의미를 깨닫게 된 호호는 엄마와 함께 집으로 돌아갔어요.

앞으로도 호호와 산군 둘은 함께 행복도 슬픔도 같이 할 거예요. 우리는 가족이니까요!

우리는 가족이니까 이유는 필요 없어

* * * * * * *

아기 호랑이 호호는 '진짜 가족'을 찾으러 여행을 떠나지만 곧 깨달아요. 자신이 바라던 모습과 달라도 이유 없이 자신을 사랑해 주는 '진짜 가족' 엄마의 존재를 말이죠. 한결같이 '나'를 사랑해 주고 아껴주는 우리 엄마 아빠에게, 소중한 '우리 아기'에게 "고맙고 사랑해"라고 따뜻한 말 한마디 건네 보면 어떨까요?

3

아기
거북이의
소원 방울

맑고 푸른 바닷속에 장난기가 많은 아기 거북이 '부기'가 있었어요.

부기는 눈앞에 있는 형형색색의 해초를 손으로 뜯어 입으로 넣으면서 생각했어요.

오늘은 어떤 장난을 쳐볼까? 하고요!

"그래! 오늘은 바다 친구들의 소원 방울을 터뜨리며 놀아 보는 거야!"

입을 뻐끔거리면 보글보글 나오는 그 공기 방울 말이에요!

"그럼 슬슬 움직여 볼까?"

부기는 슬슬 양팔다리를 저으며 헤엄치기 시작했어요.

그렇게 헤엄치던 부기의 앞에 펄럭~ 펄럭~ 날개를 펄럭이며 푸른 바닷속을 가로질러 날아오는 가오리가 보였어요.

그녀를 아는 물고기들은 모두 '천사'라고 부를 정도로 예쁜 물고기였죠!

부기는 그녀의 우아한 날갯짓에 홀린 듯이 따라가기 시작했죠.

그때였어요!

가오리가 공기 방울을 내뿜는 게 아니겠어요?

그 공기 방울을 본 부기는 바로 손을 뻗어서 그 공기 방울을 터뜨렸어요!

오늘 결심한 그대로 말이죠!

공기 방울이 터지자 그 방울 안에 담겨 있던 가오리의 소원이 부기에게 들리기 시작했어요.

"하아~ 날고 싶다."

바다의 천사 가오리는 날고 싶었어요.

언제나 바닷속을 날듯이 헤엄치고 있었지만 가오리는 알고 있었어요.

이 깊고 깊은 바다 위에는 하늘이 있고, 그 하늘을 날아다니는 진짜 천사와 같은 새들이 있다는 것을요.

어느 때는 하늘을 너무 날고 싶어서 푸른 하늘, 하얀 구름, 반짝이는 별.. 무엇 하나 빠짐없이 하늘에 있는 모든 것을 눈에 담으며 바다 위를 둥둥 떠다닌 적

도 있었답니다.

"진짜로 하늘을 날게 된다면 어떤 기분일까?"

가오리의 소원은 자유롭게 하늘을 나는 것이었어요.

그런 가오리의 소원을 소원 방울을 통해 본 부기는 이상하다고 생각했어요.

그의 눈에는 가오리가 자유롭게 날고 있는 것처럼 보였기 때문이에요!

"저기, 가오리야. 너는 왜 하늘을 날고 싶어 하는 거니?"

부기는 결국 궁금증을 참지 못하고 가오리에게 물어보았어요.

그러자 가오리는 웃으며 말했답니다.

"저 하늘을 봐봐! 낮에는 태양 빛이 환하게 온 세상을 비추고, 밤에는 별들이 어두운 하늘에 촘촘히 박혀 있잖아!"

부기는 고개를 갸웃거리며 말했어요.

"그게 뭐 어쨌다는 거야?"

"나는 낮의 태양을, 밤하늘의 아름다운 별들을 이 손으로 만져 보고 싶어! 아아! 얼마나 아름다울까? 이 손에서 얼마나 예쁘게 빛날까?"

가오리는 마치 제 손에 태양과 별들이 있는 양 눈을 빛냈어요.

그런 가오리의 눈빛은 마치 그녀가 말하는 태양과 별빛이 박혀 있는 것처럼 밝게 빛났죠.

부기는 그녀를 보며 잠시 입을 떼지 못하다가 말했어요.

"태양과 별을 손에 넣으면 많이 아플 텐데도?"

부기의 물음에 가오리는 후후 웃으며 말했어요.

"어머! 후후 당연한 거 아니니? 꿈을 이루는 길이 편할 거란 생각을 하지는 않았어. 단지.."

"단지?"

"그 길의 끝에 도착했을 때 그 꿈이 이루어졌느냐 이루어지지 않았느냐의 차이일 뿐이지! 후후."

가오리는 웃으며 부기를 지나갔어요.

꿈을 이루기 위해 다시 날갯짓을 하면서 말이죠.

가오리와 헤어진 부기는 다시 푸른 바닷속을 헤엄치기 시작했어요.

가오리의 꿈을 뒤로한 채 말이죠!

씽~ 하고 헤엄치던 도중 부기는 이상한 기분이 들었어요.

주변에 다른 물고기들이 보이지 않았어요.

이상한 기분에 부기는 고개를 좌우로 휙휙 돌려서 주위를 둘러보았어요.

"뭐지? 왜 아무도 없지..?"

혼잣말을 하는 부기 뒤로 큰 소원 방울이 올라오는 게 보였어요.

부기는 호기심에 그 공기 방울을 톡! 하고 터뜨렸어요.

그러자 소원 방울에서 아주 낮고 섬뜩한 목소리가 들렸죠!

"하아.. 내가 이렇게 웃고 다니는데도 왜 다른 물고기들이 나를 피하지?"

목소리의 주인공은 무시무시한 상어였어요!

상어는 뾰족뾰족한 이빨을 한껏 드러내며 웃어 보이고 있었어요.

상어가 웃는 이유는 바로 다른 물고기들과 친하게 지내고 싶어서였죠!

하지만 소원 방울을 통해서 부기가 본 상어의 얼굴은 여전히 무시무시했어요.

"나도 다른 물고기들과 하하 호호 바닷속을 유영하고 싶어! 그런데 다들 내 얼굴만 보고 무서워서 다가오지 않으니까 너무 외로워."

상어는 자신의 무서운 얼굴 때문에 다른 물고기들이 자신에게 다가오지 않는다고 생각하는 것 같았어요.

물론 다른 물고기들은 상어의 얼굴보다는 잡아먹힐까 봐 도망 다니는 거였지만요.

부기는 그런 상어의 소원 방울을 보고 생각했어요.

자신이라도 상어의 친구가 되어 주기로요!

"상어님~ 상어님~"

부기는 크게 소리쳤어요.

소원 방울이 있는 걸 보니 분명 상어가 주변에 있을 테니까요!

그때였어요!

갑자기 부기의 뒤에서 무시무시한 목소리가 들렸죠!

"날 찾았니?"

"아이고! 깜짝이야!"

부기는 깜짝 놀라 뒤를 돌아보았어요!

바로 뒤에 상어가 있었죠! 뾰족뾰족한 이빨을 한껏 드러낸 채 웃고 있는 얼굴로요!

"안녕하세요? 저는 부기라고 해요! 이곳에 친절한 상어님이 있다길래 한번 찾아와 봤어요!"

부기의 붙임성 있는 말에 상어는 기분이 좋아져 입을 활짝 벌리며 웃었어요.

"그래! 난 친절한 상어 아저씨란다! 그런데 너는 내가 무섭지 않니?"

부기는 웃으며 말했어요.

"물론 상어님의 뾰족뾰족한 이빨이 무섭긴 하지만, 상어님은 그 이빨로 저를 물지 않으실 거잖아요?"

부기의 말에 무시무시한 상어는 갑자기 눈물을 흘리다가 지느러미로 눈물을 닦으며 말했어요.

"날 알아주는구나? 여태껏 다른 물고기들은 나만 보면 무서워서 지느러미가 빠지게 도망치고는 했는데, 넌 다르구나!"

상어는 지느러미로 부기를 꼬옥 안아 주며 말했어요.

"너는 이제부터 내 친구야! 그러니까 나는 지금 배가 무척 고프지만 너를 먹지 않을게."

"네.. 네?"

"이제 이곳을 벗어나 다른 곳으로 가렴! 나중에 또 보면 우리 웃으며 지느러미를 흔들자!"

상어가 지느러미를 풀며 부기에게 말하자 부기는 고개를 위아래로 빠르게 흔들며 인사를 했어요.

“네.. 네! 이제부터 우리는 친구니까 저를 먹잇감으로 보시면 안 돼요! 알았죠?”

“그럼, 그럼! 하지만 지금은 너무 배가 고프니까 다른 곳으로 가렴!”

“네! 그럼 다음에 봐요!”

부기는 작별 인사를 하고는 상어가 기분 나쁘지 않게 조심스럽게 그리고 빠르게 자리를 벗어났어요.

네 개의 다리가 필사적으로 움직였고, 부기는 상어가 안 보이는 곳에서 머리에 난 땀을 닦았어요.

“후유~ 이제.. 다른 소원 방울을 터뜨리러 가 볼까?”

물론 무시무시한 상어도 부기의 소원 방울 터뜨리기는 막지 못했어요.

부기는 다시 다른 소원 방울을 찾아 움직였답니다.

상어의 영역을 벗어난 부기는 다시 소원 방울을 찾아 헤엄치기 시작했어요.

그러던 중에 부기의 눈앞에 엄청나게 큰 소원 방울이 보이는 게 아니겠어요?

부기는 사냥감을 찾은 상어처럼 호다닥 헤엄치기 시작했어요.

가까이 다가간 소원 방울은 부기의 몸보다도 훨씬 큰 소원 방울이었어요.

부기는 엄청나게 큰 소원 방울에 담긴 큰 소원이 무엇인지 너무 궁금했어요.

그래서 당연히 부기는 손으로 소원 방울을 터뜨렸답니다.

"오늘도 바다는 소란스럽구나.."

소원 방울은 바로 바다의 왕, 고래의 소원이었어요.

몸이 얼마나 큰지 부기의 작은 눈으로는 고래의 몸이 다 보이지 않을 정도였죠.

고래는 오늘도 바다를 순찰하고 있었어요.

어제는 대왕오징어와 대왕문어가 싸우는 곳에 가서 그 둘을 말리고 왔었죠.

"바다가 평화로웠으면 좋겠다! 하루라도 평화로운 날이 있었으면 좋겠어."

고래는 해류가 잘 날이 없는 바다를 지키는 하루하루가 너무 힘들었어요.

"상어 놈은 요즘 기분이 나쁜지 이빨을 다 드러내고 다니고, 가오리는 무슨 생각인지 자꾸 바다를 올라갔다 내려오고."

고래는 요즘 들어 이상한 모습을 보이는 바다의 유명어 둘을 걱정하고 있었어요.

"하아.. 평화로운 바다를 보고 싶다.."

고래의 소원 방울을 본 부기는 고래의 소원을 자신이 풀어 줄 수 있다고 생각했어요.

왜냐하면 고래가 가장 걱정하는 두 유명어들의 소원을 부기는 알고 있었거든요.

부기는 고래를 찾아 다시 헤엄치려고 했어요.

그런데 무언가 검은 것이 부기를 자꾸 따라오는 게 아니겠어요?

부기는 깜짝 놀라서 옆을 쳐다보았어요.

그리고 깨달았죠. 이건 고래의 '눈'이구나 하고요.

"안녕하세요, 고래님?"

"음.. 그래 부기구나? 무슨 일이니?"

고래의 까맣고 큰 눈을 보며 부기는 말했어요.

"고래님의 고민을 해결해 주려고요."

"내 고민?"

"네! 요즘 상어님이랑 가오리가 걱정이신 거죠?"

부기의 말에 고래는 안 그래도 큰 눈을 동그랗게 뜨며 말했어요.

"그래! 요즘 그 두 물고기 때문에 걱정이 이만저만이 아니란다! 상어가 난리치면 다른 물고기들이 다칠 거고, 가오리가 이상해지면 그녀를 좋아하는 다른 물

고기들이 난리를 칠 거고!"

부기는 고래의 말에 그들의 소원을 하나하나 말해 주었어요!

고래는 말없이 부기의 말을 들어주었죠.

"그렇구나. 상어는 내가 가서 친구를 해 주고, 가오리는 내가 머리로 물을 뿜어서 하늘을 보여 주면 되겠어."

고래는 기분이 좋은 듯 웃으며 말했어요.

부기도 그런 고래의 웃음을 따라 같이 웃었어요.

"그럼 난 이제 이 바다를 지키러 다시 가 보겠어. 언젠가는 평화로운 바다를 만들 테니 너도 같이 노력해 주렴!"

"네, 오늘도 바다를 위해 노력해 주셔서 감사해요!"

고래는 부우우~ 노래하며 움직이기 시작했어요.

부기는 그런 고래를 보며 손을 흔들어 주었죠.

부기는 기지개를 쭈욱~ 피며 말했어요.

"하아~ 오늘 하루도 알찼다! 너무 재밌는 하루였는 걸?"

부기가 티 없이 해맑은 미소를 지으며 웃었어요.

부기는 재미있고 알찬 하루를 보내고 집으로 돌아가기 시작했어요.

집으로 돌아가던 부기는 잠시 어둡고 고요한 바다를 둘러보았어요.

해가 떠 있을 때와는 다른 분위기였죠.

"모두의 소원이 다 이루어질 수는 없을까?"

오늘 하루 다른 물고기들의 소원 방울을 엿보면서 부기는 많은 생각이 들었어요.

모두를 위한 소원도 있고, 자신만을 위한 소원도 있었죠.

소원 방울이 터지지 않고 하늘 끝까지 올라간다면 그 물고기의 소원이 이루어진다고 하는 바다의 전설을 믿고 많은 물고기가 소원 방울을 올리곤 했죠.

물론 그 어떤 물고기도 소원이 이루어지지는 못했지만, 부기는 그 간절함을 모르고 소원 방울을 터뜨리는 하루를 보냈죠.

'내가 다른 물고기들이 가진 소원의 간절함을 너무 쉽게 생각한 게 아닐까?'

부기는 반성하기 시작했어요.

소원 방울이 하늘 끝까지 올라가지는 않았지만, 혹시 그 소원 방울이 하늘에 닿을 방울이 아니었을까? 하는 미안함이 밀려 들었죠.

부기의 헤엄치는 속도가 점점 느려지기 시작했어요.

고민이 많아졌어요.

어떻게 하면 그들의 소원을 이루어 줄 수 있을까? 하면서 말이죠.

결국 부기는 생각했어요.

아! 내가 대신 소원 방울을 하늘로 올려야겠다 하고 말이죠.

그리고 부기는 소원을 빌기 시작했어요.

"가오리가 하늘을 날았으면 좋겠어요. 상어님이 외모에 상관없이 많은 물고기와 친구가 되었으면 좋겠어요. 고래님이 바라는 대로 바다가 항상 평화로웠으면 좋겠어요."

부기는 자신의 소원을 담아 소원 방울을 만들었어요.

뽀글 뽀그르~ 그런데 이상했어요.

부기의 눈앞에 있는 소원 방울은 여태껏 보던 소원 방울이랑 너무 달랐죠.

반짝반짝 빛이 나는 게 아니겠어요?

반짝반짝 빛이 나는 부기의 소원 방울이 위로 올라가기 시작했어요.

반짝반짝 빛이 나는 소원 방울을 따라 부기의 고개도 올라가기 시작했어요.

계속 올라가던 소원 방울은 바다를 벗어나 하늘로 계속 올라가기 시작했어요.

어두운 밤하늘에 반짝이는 소원 방울이 올라가 하나의 별이 되었어요.

아마도 부기의 소원 방울은 이루어질 것 같아요.

부기는 소원 방울이 별이 되는 모습을 보고 생각했어요.

밤하늘의 저 많은 별은 누군가의 소원일테니 모두의 소원이 이루어지기를 말이죠.

소원은 방울방울

* * * * * * *

바닷속 생물들이 입을 뻐끔뻐끔 벌려 만드는 공기 방울을 보고 '저 공기 방울은 무슨 이야기를 담고 있을까?' 하며 상상하며 적은 이야기예요. 부기가 터뜨린 가오리, 상어, 고래의 소원 방울에도 저마다의 이야기가 있듯이 여러분의 이야기가 담긴 소원 방울이 있다면 하늘로 올려보세요.

4

겁쟁이 용용이

옛날옛날 아주 깊고 높은 산 속에 겁이 많고 소심한 겁쟁이 용이 살고 있었어요.

겁이 많은 용은 스스로 용감해지고 싶어서 용감한 용, 줄여서 '용용이'라고 불렀지요.

용용이는 자신을 스스로 용감하다고 한 것과는 다르게 가을에 붉게 물든 나뭇잎이 바닥에 떨어지는 바스락 소리에도 소스라치게 놀라서 울기도 하고, 겨울의 나뭇가지 위에 소복이 쌓인 눈들이 바닥에 떨어지는 소리에도 소스라치게 놀라곤 했죠.

용용이는 겁이 많은 자신이 싫어서 신령님을 찾아갔어요.

용감해지는 방법을 알고 싶었거든요.

깊은 산속 맑은 호수 속에 살고 있는 호호백발 신령님은 용용이가 찾아오자 반갑게 맞이해 주었어요.

“용용아, 오랜만이구나!”

“안녕하세요! 신령님!”

용용이는 길쭉한 몸을 꾸벅 숙이며 인사했어요.

용용이의 예의 바른 인사에 신령님은 허허 웃으면서 말씀하셨어요.

“그래, 무슨 일이니? 용용아!”

“신령님, 신령님! 저는 겁이 많아서 용감해지고 싶어서 신령님을 찾아왔어요.”

용용이의 물음에 신령님은 길고 하얀 수염을 만지작거리며 곰곰이 생각해 보시더니 말씀하셨어요.

“그러고 보니.. 원래 용들은 여의주를 가지고 있는데.. 용용이 너는 어디 있니?”

용용이는 신령님의 말에 자기 손을 보았어요.

그러고 보니 용용이는 여의주가 없었죠.

“모르겠어요. 제가 여의주가 없어서 겁이 많은 걸까요?”

용용이의 질문에 신령님이 대답해 주셨어요.

"여의주는 용에게 가장 '소중한 것'이기 때문에 그것이 없어서 그럴 수도 있겠구나."

"소중한 것.."

신령님의 말씀을 듣고 보니 용용이는 그 소중하다는 **여의주가 없어서 자신이 용기가 없는 것이라 생각하게 되었어요.**

"그렇군요! 나도 소중한 여의주를 찾으러 가야겠어요! 왜냐하면 저는 아주 용감하고 강한 용이 되고 싶거든요!"

용용이는 신령님께 말을 하고 바로 하늘로 솟구쳐 오른 후 날기 시작했어요.

세상 어딘가에 있을 소중한 여의주를 찾아서 용용이는 여행을 시작했어요.

용용이는 여의주를 찾아 하늘을 열심히 날아가고 있었어요.

빨리 용감해지고 싶었거든요.

얼마나 날아갔을까요? 용용이의 눈앞에 알록달록하고 동그란 무언가가 보였어요.

'저것이 여의주일지 몰라!'

용용이는 바로 힘차게 날갯짓을 하며 동그란 무엇을 향해 날아갔어요.

그 힘찬 날갯짓 덕일까요?

어느새 손만 뻗으면 닿을 곳에 그것을 마주했어요.

용용이는 망설이지 않고 바로 손을 뻗으려 했어요.

그때였어요!

"잠깐! 그 긴 손톱으로 날 만지면 난 뻥! 터지고 말 거야!"

화들짝! 동그란 무엇인가에서 소리가 나는 게 아니겠어요?

용용이는 깜짝 놀라 땅으로 떨어질 뻔했어요.

용용이는 그 동그란 무엇인가를 다시 쳐다보았어요.

그러자 동그란 무언가가 말했어요.

"안녕? 나는 '풍선'이라고 해! 너는 누구니?"

풍선은 몸에 묶여 있는 실을 살랑살랑 흔들며 말했어요.

"풍..선..? 여의주가 아니고?"

용용이는 풍선이 여의주가 아니라는 말에 실망하였어요.

그러고는 다시 여의주를 찾아 떠나려 했죠. 그때였어요!

"저기, 여의주가 무엇이니? 내가 같이 찾아준다면 나의 어린 주인에게 날 데려가 줄 수 있겠니?"

풍선은 바로 떠나려고 하는 용용이의 날갯짓을 막고 말했어요.

"무슨 일이 있니?"

용용이는 뒤돌아서 풍선의 이야기를 들어주었어요.

"나는 저 밑 땅에 있었어. 아주 작고 귀여운 주인의 손을 잡고 같이 돌아다니고 있었지! 그런데 어느 날 주인이 잠깐 손에서 나를 놓은 순간 내 몸이 점점 하늘로 올라가 버리고 말았어!"

"너는 날 수 있는 거니?"

용용이가 물어보았어요.

"나는 위쪽으로만 날 수 있어! 하늘로 떠오른 나는 다시는 땅으로 내려가지 못하고 이렇게 주인과 헤어져 하늘을 떠돌고 있지."

풍선은 매우 슬퍼하며 말을 했어요. 그 말을 들은 용용이는 풍선을 아주 조심스럽게 잡으며 말했어요.

"나는 여의주를 찾아 돌아다닐 건데, 너도 나와 같이 돌아다니면서 주인을 찾지 않을래?"

풍선은 용용이의 말에 크게 기뻐하며 말했어요.

"고마워! 내가 너의 진짜 여의주는 될 수 없겠지만, 잠시나마 너의 여의주가

되어 줄게! 네게 용기가 생기는 말들을 해 줄게!"

용용이도 풍선의 말에 매우 기뻐하며 풍선을 소중히 안고 땅이 보이는 곳까지 내려가 날았어요. 혹시나 풍선의 작고 귀여운 주인을 볼 수도 있으니까요!

용용이와 풍선은 여의주와 풍선의 주인을 찾기 위해 여행을 하고 있었어요.

때로는 아주 느리게, 때로는 아주 빠르게 날면서 말이에요!

그렇게 산 넘고 물 건너 날아가던 중에 눈앞에 이상하게 생긴 동산이 보였어요.

길쭉한 몸통에 아주 동그랗고 반짝거리는 머리를 가진 나무였죠.

용용이와 풍선은 그 이상한 모습에 잠시 멈춰서 대화를 나누었어요.

"풍선아, 나는 저기에 가고 싶지 않아. 너무 무섭거든."

용용이가 잔뜩 겁에 질려서 말했어요.

그러자 풍선이 크게 웃으며 말했어요

"저곳이 무섭다면 용용아, 내 몸에 있는 이 가스를 잠시 마셔 봐!"

풍선은 자기 몸에 있던 가스를 용용이에게 조금 마시게 해 주었어요. 용용이가 가스를 마시고는 말했어요.

"그렇게 큰.. 어라?"

용용이는 큰 변화가 없다고 말하려는 순간 자신의 목소리가 재미있게 변한 것을 알아차렸어요.

너무 재밌고 즐거운 목소리였죠!

용용이는 어느새 두려움을 잊게 되었어요.

그러자 풍선은 말했어요.

"이제 무섭지 않지?"

"응! 지금 너무 신나!"

용용이는 풍선 덕에 매우 즐거워하며 동산으로 들어섰어요.

매우 이상한 나무들이 있었지만 무섭지 않았죠.

"그런데 이 나무들은 대체 뭘까?"

용용이는 주위를 둘러보며 말했어요.

"내 작은 주인이 매우 좋아하는 막대사탕처럼 생겼군."

풍선은 아무리 봐도 막대사탕처럼 생긴 나무들을 보며 고개를 갸웃거렸어요.

막대사탕 나무라니! 말도 안 되지만 눈에 보이는 동산은 막대사탕 동산이었어요.

"호호~ 그래 맞단다! 내가 막대사탕으로 바꾼 거지!"

그런 둘의 대화를 누군가 듣고 대답을 해 주었어요.

용용이와 풍선은 목소리라 들린 곳을 쳐다보았죠.

그곳에는 고깔모자를 쓴 요정 할머니가 있었어요!

"오랜만에 보는 용과 풍선이구나?"

마녀 할머니는 용용이와 풍선을 보고 말했어요.

용용이와 풍선은 마녀 할머니에게 인사를 했죠.

"안녕하세요? 저는 여의주를 찾고 있는 용용이라고 해요."

"안녕하세요? 저는 작은 주인을 찾고 있는 풍선이라고 합니다."

둘의 예의 바른 인사를 들은 마녀 할머니는 인자하게 웃으며 말했어요.

"그래, 반갑구나! 이곳은 내 마법으로 만든 사탕 동산이란다! 어린아이들이 와서 달콤한 맛을 보았으면 해서 만든 동산이지!"

"작은 사람들이 많이 오나요?"

풍선은 혹시나 제 주인이 왔을까 들뜬 마음에 질문을 했어요.

"아니, 이제 막 만든 참이라 사람들이 오지를 않는구나. 그래! 너는 날 수 있는 것 같으니 이 동산을 사람들에게 널리 알려 주지 않겠니?"

마녀 할머니의 말에 용용이는 알겠다고 말했어요.

그러자 할머니는 품에서 작은 수정 구슬을 꺼내서 주문을 말하기 시작했어요.

"슈가슈가~ 룰루룰루~ 탕!"

용용이와 풍선은 갑작스러운 마녀 할머니의 행동에 의아해하며 기다렸어요.

그러자 할머니는 말했어요.

"이 수정 구슬에 너희가 원하는 것을 물어보았단다. 둘이 같이 서쪽으로 가거라. 그러면 둘 다 원하는 것을 얻을 수 있을 게야."

용용이와 풍선은 크게 기뻐하며 말했어요.

"감사합니다! 할머니의 사탕 동산도 널리 알리며 돌아다닐게요!"

"호호~ 그래, 꼭 부탁한다!"

용용이와 풍선은 다시 하늘로 날아올라 서쪽으로 향해 날아가기 시작했어요.

서쪽으로 날아오른 용용이와 풍선은 또다시 긴 비행을 시작했어요.

목적은 있지만 목적지가 없는 기묘한 비행이었어요.

"용용아, 너는 용감해지면 무엇이 하고 싶니?"

풍선이 용용이에게 물었어요.

그러자 용용이는 웃으며 대답했어요.

"사실 나는 용감해지고 싶은 게 아니야."

용용이의 말에 풍선은 고개를 갸웃거렸어요.

용용이는 항상 용감해지고 싶다고 했으니까요.

"나는 겁을 내고 싶지 않을 뿐이야. 약해 보이기 싫거든!"

빠르게 지나가는 풍경 속에서도 용용이의 말은 풍선의 마음에 깊숙이 들어왔어요.

그래서 풍선은 곰곰이 생각해 본 뒤 말을 이어갔어요.

"용용아! 내가 생각해 봤는데, **겁이라는 게 몰라서 생기는 것이 아닐까?** 그러니까 우리 많은 것을 알아보는 것은 어떨까?"

"어떤 것을?"

용용이의 물음에 풍선은 산속 깊은 동굴을 가리키며 말했어요.

"저 깊고 어두운 동굴이 무섭니?"

"어두운 건 무서워!"

"나랑 같이 가는데도?"

풍선의 물음에 용용이는 덜덜 떨면서도 갑자기 용기가 나기 시작했어요.

왜냐하면 용용이의 두 손에는 풍선이 같이 있었거든요.

"조금은 덜 무서워진 거 같아!"

"그럼 우리 들어가 보자! 안에 무엇이 있는지 알면 하나도 안 무서울걸?!"

"하지만 어두워서 아무것도 보이지 않는데?"

용용이의 물음에 풍선은 주변에 있는 나뭇가지를 모아 불을 붙여서 빛을 밝히자고 했어요.

용용이는 풍선의 말에 나뭇가지를 모으고 불을 붙인 후 깊고 어두운 동굴 속으로 들어가기 시작했답니다.

깊고 어두운 동굴에 들어간 용용이와 풍선은 서로를 끌어안고 앞으로 천천히 나아갔어요.

용용이와 풍선은 어둠을 잊으려는 듯 크게 웃으며 대화를 했어요.

그때였어요!

갑작스레 동굴 안을 쩌렁쩌렁하게 울리는 소리가 들려왔어요!

"이놈들! 여기가 어디라고 들어왔느냐!"

동굴 안을 쩌렁쩌렁하게 울리는 목소리에 용용이와 풍선은 깜짝 놀라서 뒷걸음질을 쳤어요.

"누.. 누구세요?"

풍선은 바들바들 떨면서 말했어요.

그런 풍선의 모습에 용용이는 깜짝 놀라서 풍선에게 말했죠.

"풍선아, 너도 무섭니?"

풍선은 떨리는 몸을 멈추며 당당한 척 말했어요.

여기에서 무서워하는 모습을 보여 줄 수는 없었거든요.

"용용아, 우리 둘이 함께 있는데 뭐가 무섭니? 나에게는 바람보다도 빠르고 바위보다도 힘이 센 우리 용용이가 있는걸!"

용용이는 그런 풍선의 말에 물웅덩이에 비친 자기 모습을 쳐다보았어요.

맞아요. 용용이는 바람보다도 빠르게 날고 바위도 번쩍 들어 올려요.

갑작스레 용기가 차오른 용용이는 소리가 들려온 곳으로 돌아보며 말했어요.

“거기 누구세요?”

용용이의 물음에 소리의 주인은 크게 울부짖으며 말했어요.

“난 이 동굴의 주인이다! 너희는 무엇 때문에 여기에 들어왔느냐!”

으르렁거리는 목소리에 용용이는 조금 무서웠지만, 이상하게 도망갈 생각이 들지 않았어요.

그리고 발톱에 힘을 가득 주고 말을 했어요.

"저희는 겁이 없어지고 싶어서 이 동굴에 들어왔어요. 허락 없이 들어와서 미안해요!"

용용이의 말에 동굴 주인의 목소리가 잠시 끊겼어요.

그러고는 잠시 뒤에 다시 소리가 들려왔어요.

조금은 부드러워진 목소리였죠.

"잠시 기다리거라. 내가 그쪽으로 갈 테니."

용용이와 풍선은 동굴의 주인에 대해 궁금증이 생겨서 기다리기로 했어요.

어떤 동물일까?

집채만 한 곰일까?

아니면 자연의 왕인 하얀 호랑이일까?

얼마나 무서울까? 하는 생각을 하면서 말이죠.

그때였어요. 다시 소리가 들려왔어요.

"이게 너희구나."

"??"

용용이와 풍선은 목소리가 들렸는데도 눈앞에 아무도 없어서 고개를 좌우로 두리번거렸어요.

그 모습에 다시 목소리가 들려왔어요.

"여기다, 아래에."

목소리의 인도에 따라 고개를 숙이자 흰 수염이 덥수룩한 생쥐 한 마리가 보였어요.

세상에! 이 어둡고 깊고 큰 동굴의 주인이 이 작은 생쥐였다니! 용용이와 풍선은 깜짝 놀랐어요.

"껄껄! 아마 다들 내 정체를 안다면 너희처럼 놀랄 거란다!"

생쥐 할아버지는 껄껄껄 웃으며 말했어요.

그러고는 자신의 비밀을 한 가지 가르쳐 준다며 말을 시작했어요.

"한 치 앞도 안 보이고 어두운 곳에서는 무언가를 보려고 하면 겁을 먹기 마련이란다."

껄껄대며 웃던 생쥐 할아버지는 아직도 멍하니 있는 용용이와 풍선에게 계속 말했어요.

"무언가를 믿고 있는 너희 같은 녀석들이 진짜를 보게 되는 거지! 나 같은 생쥐를 말이야!"

생쥐 할아버지는 작고 조그마한 엄지손가락으로 자신을 가리키며 말했어요.

그런 생쥐 할아버지의 모습에 용용이와 풍선은 갑작스레 몰려오는 웃음에 서

로를 바라보며 웃었어요.

용용이는 왠지 자기가 조금 변한 것 같았어요.

그 순간 용용이는 겁이 없어진 거 같았거든요.

용용이와 풍선은 동굴에서 나와서 다시 서쪽을 향해 날아가기 시작했어요.

용기를 얻은 용용이는 이제 무서울 것 없이 빠르게 날아갔답니다.

그러던 중에 풍선이 물었어요.

"용용아, 이제 여의주는 안 찾을 거니?"

풍선의 물음에 용용이는 잠시 날갯짓을 멈추고 풍선을 보며 말했어요.

"풍선아! 나는 이미 여의주를 찾았어."

용용이의 말에 풍선은 용용이 주변을 둘러보았어요.

그런데 아무리 봐도 여의주가 보이지 않았어요.

혹시 자기 눈에만 안 보이는 걸까 싶어서 풍선은 용용이에게 물었어요.

"용용아, 내 눈에는 여의주가 보이지 않아. 혹시 내 눈에만 안 보이는 거니?"

풍선의 말에 용용이는 빙그레 웃으며 말했어요.

"풍선아! **나에게 여의주는 바로 너야!** 너와 함께 있으면 이렇게 용감하고 겁도 없어지잖아?"

용용이는 풍선을 조심스럽고도 소중하게 안아 주며 말했어요.

"그러니 이제 내가 너를 도와줄게. 너의 작은 주인을 찾아서 너에게 기쁨을 되찾아줄게!"

용용이의 말에 풍선은 기뻐서 몸이 살랑살랑 떨렸어요.

'내가 용용이의 여의주라니!' 하면서요.

"내가 너의 여의주라니! 난 너무 기뻐 용용아! 그러니 너도 나의 기쁨이야! 난 이제 너의 여의주고, 너는 내 기쁨이야."

용용이와 풍선은 서로가 바라는 그런 존재들이 되었어요.

"그래도 너의 작은 주인은 찾으러 가야겠지?"

용용이는 웃으며 풍선에게 물었어요.

"응! 작은 주인에게 내 기쁨인 너를 소개해 주고 싶어!"

풍선이 대답하자 용용이는 다시 씽씽! 날갯짓을 시작했어요.

서쪽으로요.

용용이와 풍선은 계속해서 서쪽으로 힘차게 날아갔어요.

얼마나 시간이 지났을까요? 갑자기 풍선이 소리쳤어요.

"어? 저기 저기! 내가 작은 주인을 잃어버린 곳이야!"

풍선이 가리킨 곳은 아주 작은 놀이터였어요.

풍선은 드디어 작은 주인을 찾을 수 있을 거라는 생각에 기분이 좋아져서 몸을 이리저리 움직이기 시작했어요.

"그럼 내려가 볼까?"

잔뜩 신이 난 풍선을 지켜 본 용용이가 잔잔한 미소를 머금고 말을 했어요.

용용이도 기분이 한껏 좋아져서 풍선과 함께 땅으로 내려갔어요.

놀이터로 내려온 용용이와 풍선은 주변을 두리번거렸어요.

그때였어요!

저 멀리서 아주 작은 꼬마 아이의 목소리가 들렸어요.

"풍선아! 너 알록이 풍선 맞지?!"

목소리의 주인공은 풍선의 작은 주인이었어요.

개나리처럼 노란 옷을 입은 아주 작고 귀여운 꼬마 아가씨였죠.

"작은 주인아! 드디어 만나는구나!"

풍선은 감격에 겨워 소리쳤어요.

작은 주인도 알록이 풍선을 만나서 기쁜지 연신 꺄르르~ 하며 웃었답니다.

"어디를 갔었니?"

작은 주인의 물음에 풍선은 지금까지의 여정을 이야기해 주었어요.

용용이와 풍선의 여행을요!

아주 기나긴 이야기였지만 작은 주인은 연신 눈빛을 빛내며 이야기를 들었어요.

풍선의 이야기는 너무나 멋진 흥미진진한 여행이었거든요!

이야기를 다 들은 작은 주인은 말했어요.

"풍선아 그리고 용용아! 나 그 사탕 동산에 가 보고 싶어!"

"너만 원한다면 언제든지 데려가 줄 수 있어!"

풍선과 용용이는 흔쾌히 말했답니다.

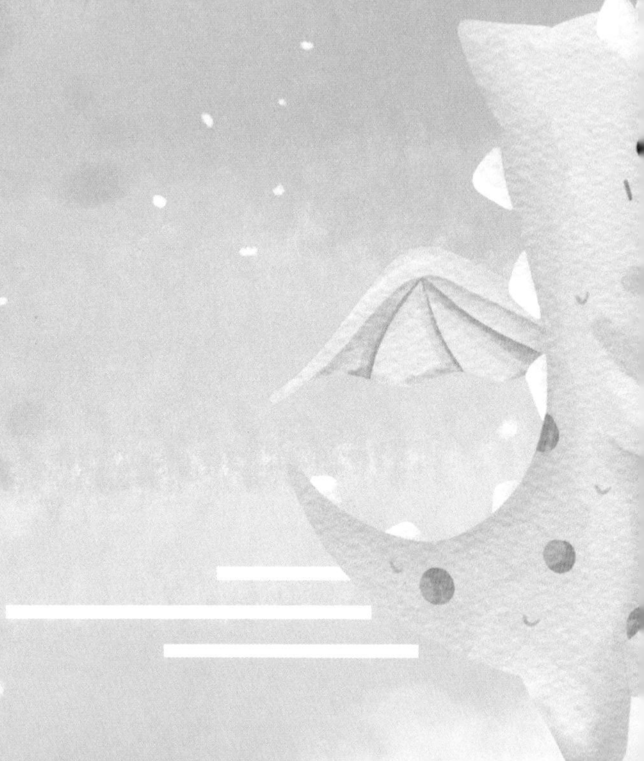

용용이는 작은 주인에게 손을 뻗으며 말했어요.

"자, 내 손을 잡으렴! 나와 함께 하늘을 날아보자!"

용용이가 내민 손을 작은 주인은 꼬옥 붙잡았어요.

용용이가 씽~ 하고 하늘을 날자 그들은 하늘의 점이 되어서 날아가 버렸어요!

솜사탕 같은 하늘에서는 용용이와 풍선이 그리고 사탕 동산을 기대하는 작은 주인의 꺄르르~ 거리는 웃음소리가 하늘 높이 울려 퍼졌어요.

용용이는 자신 안에 움츠렸던 용기를 깨워 용감한 용이 되었고, 귀여운 친구들과 즐거운 여행을 떠났어요.

좋은 인연이 너에게 다가오기를 바라

* * * * * * *

우리 아이들이 한 치 앞도 보이지 않는 깜깜한 어둠 속에서도 서로를 믿고 용기를 줄 수 있는 그런 인연을 만났으면 하는 바람에 적은 이야기예요. 여의주를 찾으면 용감해질 거로 생각하며 여의주를 찾기 위해 여행을 떠났지만, 실은 옆에 있는 동글동글한 풍선이 용용이에게 용기를 북돋아 주었죠. 우리 아이들도 풍선처럼 용용이가 얼마나 빠르고 강한지를 알려 주고, 용용이처럼 풍선의 작은 주인을 찾아 주듯 서로를 알아주고 도와주는 그런 인연을 만나서 어떤 일이든 용감하게 이길 수 있기를 바라요.

5

알록달록 나라의 투명한 페트병

음료수 나라에 투명한 페트병이 있었어요.

다른 페트병들과는 다르게 혼자만 라벨 옷을 입지 않아 속이 훤히 보이는 페트병이었죠.

"내 속이 훤히 보이니까 음료들이 나한테 오지를 않아."

투명한 페트병은 라벨이 있는 다른 페트병과는 달리 음료를 제 몸에 담지 못했어요.

속이 훤히 보이는 게 부담스럽다는 이유였죠.

그래도 투명한 페트병은 포기하지 않았어요.

분명 이 세상 어딘가에는 자기 몸에 들어와 줄 음료가 있을 거로 생각했기 때문이었어요.

"오늘도 나가 보자!"

Juice
TEA
SODA
茶

투명한 페트병은 이불을 걷어차고는 집 밖으로 나갔어요.

어딘가에 있을 내 음료를 찾아서 말이죠.

문밖을 나선 투명한 페트병은 무작정 앞을 향해 걸었어요.

그런 투명한 페트병을 보고 다른 페트병들은 수군거렸어요.

"어머, 저렇게 속을 훤히 보여 주다니!"

"부끄러운 줄도 모르고 말이야!"

다른 페트병의 수군거림에도 투명한 페트병은 움츠러들지 않았어요.

그들은 그들이고, 나는 나라고 생각했기 때문이에요.

그때였어요!

투명한 페트병 앞으로 콜라가 흐물흐물 걸어가는 게 보였어요.

투명한 페트병은 재빨리 콜라를 향해 뛰어갔어요!

"저기.. 콜라야!"

투명한 페트병의 외침에 콜라는 뒤돌아서 투명한 페트병을 바라보았어요.

"왜 그러니, 투명한 페트병아?"

콜라는 검은 몸을 꿀렁이며 말했어요.

"내 병에 담기지 않을래? 그러면 우리는 최고로 멋진 검은 물을 담은 음료수가 될 거야!"

투명한 페트병의 말에 콜라는 가만히 서서 투명한 페트병의 위아래를 보았어요.

그러고는 이내 고개를 저었죠.

거절의 의미였어요.

투명한 페트병은 그 몸짓에 다시 말했어요.

"왜 내 병에 담기지 않으려 하는 거니?"

콜라는 투명한 페트병의 말에 대답했어요.

"내 몸을 봐! 나처럼 까만 음료수가 속이 훤히 비치는 너에게 담기면 사람들은 우리를 속이 까만 녀석들이라 손가락질을 할 거야!"

투명한 페트병이 당황하며 말했어요.

"너는 그냥 까만 음료수가 아니라 사람들이 좋아하는 인기쟁이 맛있는 콜라잖아! 다른 거 아닐까?"

"사람들은 라벨이 없이 까만 음료가 있다면 내가 간장인지 콜라인지 모를걸? 난 그게 싫어. 난 최고의 음료가 되고 싶어. 그냥 까만 음료가 아니라!"

콜라의 단호한 말에 투명한 페트병은 실망했어요.

'결국 오늘도 실패인가 봐' 하면서 실망하려 할 때 뒤에서 맑고 깨끗한 목소리가 들렸어요.

"라벨이 없으면 콜라가 콜라가 아닌 거니?"

투명한 페트병은 목소리를 따라 고개를 돌렸어요.

그곳에는 맑고 깨끗한 물이 있었죠!

맑고 투명한 물은 허리에 손을 얹고 당당하고 올곧은 눈으로 콜라를 보며 말

했어요.

"나는 너처럼 멋있는 검은색을 가지지 못했지만 그래도 나 자신을 보여 주는 데에 부끄러움이 없어!"

맑고 투명한 물은 그렇게 말하고는 투명한 페트병의 손을 꼬옥 잡고 다른 곳으로 걸어갔어요.

너무도 당당하게 말이죠.

맑고 투명한 물의 말과 행동에 투명한 페트병은 감동했어요.

한 번도 그런 생각은 해 보지 못했기 때문이었어요.

맑고 투명한 물의 발걸음이 멈춘 순간, 투명한 페트병은 말했어요.

"정말로 너 자신을 투명하게 보여 주는 데 부끄러움이 없니?"

투명한 페트병의 말에 맑고 투명한 물이 말했어요.

"아니! 나라고 나를 투명하게 보여 준 데에 부끄러움이 없겠니?"

맑고 투명한 물의 말에 '그럼 그렇지' 하며 투명한 페트병은 고개를 푹 숙였어요.

그러자 하하 웃으며 맑고 투명한 물이 다시 말했어요.

"하하! 왜 고개를 숙이고 그래! 나는 나를 투명하게 보여 주는 게 부끄러울 때는 있어도 나한테 부끄러운 적은 없었어!"

"어째서?"

투명한 페트병의 말에 맑고 투명한 물이 대답했어요.

"내가 많이 생각해 봤는데, **우리의 투명함이 나쁜 건 아니잖아?** 단지 다른 것뿐인데!"

"맞아, 맞아!"

맑고 투명한 물의 말에 투명한 페트병은 활짝 웃으며 고개를 끄덕였어요.

그런 투명한 페트병의 모습에 맑고 투명한 물은 투명한 페트병에게 손을 내밀었어요.

"그러니까 우리가 보여 주자. 속이 훤히 보이는 우리도 남들이 좋아하는 음료가 될 수 있다는 걸!"

"너랑 나처럼 투명한 몸을 가진 음료도 사람들이 좋아할까?"

"그럼 당연하지! **모두가 우리의 투명함을 좋아해 주지는 않더라도 우리의 투명함을 좋아해 주는 사람들이 있을 거야!**"

투명한 페트병은 맑고 투명한 물을 담았어요.

그 모습을 본 다른 음료는 끼리끼리 모였다며 수군거렸죠.

그때였어요.

지나가던 사람이 투명한 페트병을 보며 말했어요.

“시원한 물이 마시고 싶었는데! 여기에 맑고 시원해 보이는 물이 있네?”

사람은 투명한 페트병을 들어 올리며 말했어요.

“이렇게 속이 다 보이고 투명한 거 보니까 믿고 먹을 수 있겠다! 너무 깨끗해 보이네!”

투명한 페트병과 맑고 투명한 물은 사람의 말에 활짝 웃었어요.

솔직한 너를 보여 주는 것을 두려워하지 않았으면 좋겠어

＊＊＊＊＊＊＊

우리는 마치 라벨로 감싼 형형색색의 음료수들처럼 우리를 솔직하게 보여 주지 않으려 한 적이 많았을 거예요. 하지만 우리 아이들은 라벨이 없는 투명한 페트병에 들어간 맑고 깨끗한 물처럼 자신을 솔직하고 당당하게 보여 주었으면 좋겠어요. 때로는 투명하게 비친 자신 때문에 남들에게 상처받더라도 아이들에게 말해 주세요. "우리의 투명한 솔직함이 나쁜 건 아니잖아?"

6

크리스마스 마을의 종소리

하얀 눈이 내리는 어느 날, 어디에선가 '짤랑'하는 희미한 소리가 들려왔어요.

그 소리를 따라가 보니 어느 깊은 숲속에 누군가가 버리고 간 노랗고 작은 종이 반짝거리고 있었어요.

흰 눈이 소복하게 쌓여 있는 숲에 누워 있던 노랗고 작은 종은 눈을 동그랗게 뜨고 주위를 둘러보았어요.

주변은 온통 하얀색이었죠.

"나만 왜 이런 색이지?"

작은 종은 노랗고 반짝거리는 자기의 손을 쥐었다가 폈다가 한참을 바라보며 말했어요.

혼자만 다른 세상에서 온 것 같았죠.

그러다 문득 생각했어요.

'나와 맞는 다른 색을 찾아가 보자!'

작은 종은 자기가 생각해도 좋은 생각이라고 생각했는지 딸랑~거리며 몸을 흔들었어요.

기분이 매우 좋았나 봐요!

생각을 마친 작은 종은 눈밭에서 벌떡 일어나 무작정 앞으로 걸어갔어요.

딸랑딸랑

작은 종이 움직이는 발걸음 걸음마다 맑고 이쁜 종소리가 새하얀 숲에 울려 퍼졌어요.

'이게 무슨 소리지?'

숲에 울려 퍼지는 아름다운 종소리에 집에서 오들오들 떨며 이불 안에 있던 순록이 고개를 빼꼼 내밀었어요.

태어나서 한 번도 들어본 적 없는 너무나 예쁜 종소리였거든요.

종소리가 궁금해진 순록은 빨간 넥타이를 매고 예쁜 종소리를 향해 집을 나섰어요.

종소리를 향해 뛰어간 순록은 아주 작고 예쁜 노란 종을 보았어요.

매일 밤 보는 별빛보다 반짝거리고 아름다워서 눈을 뗄 수가 없었죠.

"안녕? 작고 이쁜 종아, 어디를 그렇게 바쁘게 가니?"

"안녕? 나는 흰색이 아닌 다른 색을 찾으러 가고 있어! 넌 참 멋진 빨간색을 가지고 있구나?"

작은 종은 추워서 코끝까지 빨개진 순록의 코와 목을 두른 빨간 넥타이를 보며 눈을 빛내며 말했어요.

"고마워, 작은 종아! 난 겨울이 되면 여행을 떠나는데, 괜찮다면 너의 여행에 나도 같이 갈 수 있을까?"

순록의 말에 작은 종은 매우 기뻐하며 말했어요.

"좋아! 난 너의 빨간색이 아주 마음에 들었어! 너의 넥타이 한가운데에 날 달아 줘! 내가 앞을 볼 수 있게 말이야!"

"알았어, 작은 종아!"

순록은 자신의 빨간 넥타이 한가운데에 작은 종을 기쁘게 달았어요.

딸랑~ 딸랑~ 순록이 움직일 때마다 작은 종에서 예쁜 종소리가 울려 퍼져서 기분이 더욱 좋았죠.

순록과 작은 종은 다른 색을 찾기 위해서 여행을 시작했어요.

흰 눈이 퐁퐁 내리며 순록과 작은 종 위로 눈이 조금씩 쌓이고 있었지만, 둘은 신경 쓰지 않았어요.

여행이 너무 즐거웠거든요!

순록과 작은 종이 수다를 떨면서 걷던 중에 저 멀리 숲의 외곽에서 엄청난 빛들이 보였어요.

또 다른 색이었죠!

순록과 작은 종은 흥분을 감추지 못하고 뛰기 시작했어요.

딸랑~ 딸랑~

그렇게 뛰어서 작은 종과 순록이 도착한 곳에는 아주 커다란 나무가 있었어요.

그런데 순록과 작은 종이 항상 보던 나무가 아니었죠.

"나무야! 나무야! 넌 왜 그렇게 반짝반짝거리니?"

나무는 마치 빛으로 옷을 입은 것처럼 온몸이 반짝반짝거렸어요!

나무는 작은 종의 물음에 웃음을 지으며 말했어요.

"글쎄다? 나는 가만히 있었는데 갑자기 사람들이 와서 내 몸에 이런 빛을 둘러 주더구나!"

나무의 기쁨 가득한 대답에 작은 종과 순록은 나무를 부러워하며 말했어요.

"세상에! 밤하늘의 은하수를 두른 것처럼 반짝거리며 예뻐!"

작은 종의 말에 순록도 고개를 끄덕이며 긍정했어요.

너무 예쁘고 아름다운 모습의 나무였죠.

"우리도 사람들을 만나면 너처럼 은하수를 입을 수 있을까?"

순록의 물음에 나무는 빛이 반짝반짝 빛나는 나뭇가지를 살랑살랑 흔들며 말했어요.

"글쎄, 나도 잘 모르겠지만 해 주지 않을까? 그들은 그냥 가만히 있던 나를 이렇게 만들어 주었으니까!"

순록과 작은 종은 기뻐하며 사람들을 기다리기로 했어요.

밤하늘의 별을 옷처럼 두를 수 있다니! 이처럼 행복한 일이 또 있겠어요?

둘의 기다림은 오래 걸리지 않았어요!

작은 종이 흥분해서 내는 밝고 예쁜 종소리에 사람들이 모여들기 시작했거든요!

"이거 봐! 여기에 빨간 코의 순록과 작은 종이 있어! 이 아름다운 소리는 이 종이 내는 거 같아!"

사람들은 작은 종소리에 이끌리듯이 모였어요.

어느새 모여든 사람들은 작은 종과 순록을 보고 말했죠.

"우리에게 그 예쁜 종소리를 들려주지 않을래? 이 밤을 즐길 수 있게 말이야!"

사람들의 말에 작은 종과 순록은 말했어요.

"좋아요! 우리가 아름다운 종소리를 당신들에게 들려줄게요! 대신에 우리도 저 아름다운 나무처럼 빛날 수 있게 해 주세요!"

순록과 작은 종의 말에 사람들은 웃으며 말했어요.

"좋아! 우리는 너희에게 빛을 줄게! 너희는 우리에게 종이 울리는 아주 즐거운 시간을 주렴!"

순록과 작은 종은 사람들의 말을 기쁘게 받아들였어요!

딸랑~ 딸랑~

예쁜 종소리가 울려 퍼지자 사람들은 종소리를 즐기며 춤을 밤새도록 추었어요.

사람과 나무와 순록과 작은 종이 어우러진 파티는 밤새도록 계속되었죠!

파티가 끝난 뒤 사람들이 순록과 작은 종에게 빛을 돌려준다고 하였지만, 순록도, 작은 종도 이미 빛이 필요 없었어요.

단지 다시 한번 이런 날이 있었으면 좋겠다고 사람들에게 말했죠.

"언젠가 또다시 이런 날이 올 수 있을까?"

작은 종과 순록의 물음에 사람들은 웃으며 말했어요.

"당연하지! 우리도 너무 즐거웠다고! 이제부터 여기는 징글벨 광장이야!"

"징글벨?"

작은 종이 물었어요.

그러자 사람들이 대답했어요.

"그래! 딸랑거리는 종소리라는 뜻이야!"

딸랑~ 딸랑~

작은 종은 몹시 기뻐하며 종을 울렸어요.

"우리는 이제부터 너희를 부르는 노래를 부를 거야. 오늘을 기억하면서 말이지!"

사람들은 순록과 작은 종 그리고 나무 앞에서 크게 징글벨 노래를 부르며 다시 춤을 추었어요.

행복하고 즐거운 시간이었어요.

이제부터 모두에게 작은 종소리는 크리스마스 축제의 시작을 알리는 소리가 되었어요.

그리고 작은 종은 더 이상 다른 색을 찾으러 다닐 필요가 없게 되었어요.

언제든지 종을 울리면 반짝거리는 빛과 순록, 사람들이 한데 어우러지는 축제가 시작될 것이기 때문이었죠!

딸랑~ 딸랑~

행복한 종소리가 징글벨 광장을 가득 채웠어요!

작고 예쁜 소리를 가진 반짝이는 너에게

* * * * * * *

아기처럼 이제야 눈을 뜨고 세상을 바라보는 작은 종의 이야기예요. 예쁘고 맑은 소리로 순록과 친구가 되고 반짝거리는 나무의 빛에 이끌려 별빛을 두르는 꿈을 꿔요. 사람들을 만난 작은 종은 예쁘고 맑은 소리로 모두와 행복한 축제를 하게 되었어요. 이제, 여러분의 축제도 시작될 거예요. 여러분의 예쁘고 빛나는 작은 종 덕분에요.

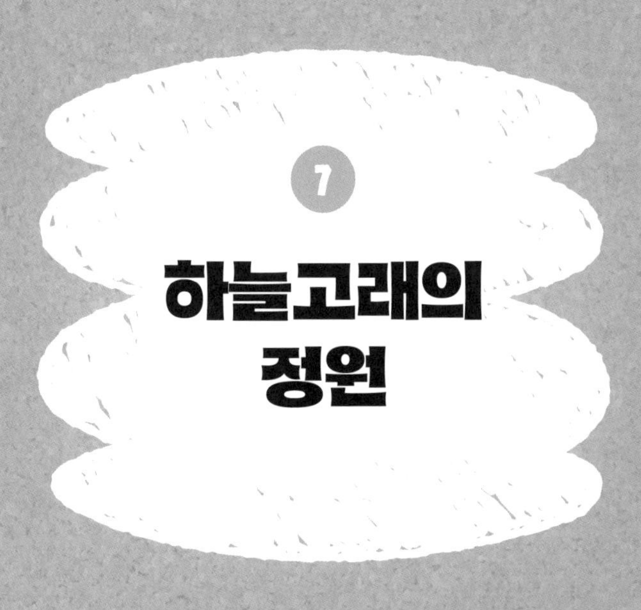

7

하늘고래의 정원

아주 아주 먼 옛날, 하늘에는 커다랗고 하얀 하늘고래가 살고 있었어요.

하늘고래는 땅에서 사는 사람들이 볼 때 구름과 구분이 안 될 정도로 하얗고 몽실몽실하게 생겼어요.

"부우우~"

오늘도 하늘의 한가하고 평화로움에 만족한 하늘고래는 소리를 냈어요.

하늘고래의 소리에 하늘을 날아다니던 새들이 깜짝 놀라서 땅으로 떨어질 뻔 할 정도로 큰 소리였죠.

하늘고래는 하얀 구름 같은 꼬리를 살랑살랑 흔들며 하늘을 돌아다녔어요.

그렇게 날아다니던 푸른 하늘에서 아주 향기로운 향기가 하늘고래의 코끝을 간지럽혔어요.

하늘고래는 홀린 듯 향기를 따라갔어요.

향기가 하늘고래의 머릿속을 가득 채울 때쯤 하늘고래의 눈앞에는 짧은 팔다리를 파닥이며 날고 있는 갈색의 하늘다람쥐가 있었어요.

하늘고래는 콧속을 맴도는 향기를 음미하며 눈앞의 하늘다람쥐에게 말을 걸었어요.

"안녕? 하늘다람쥐야. 손에 들고 있는 그것들은 무엇이니?"

"안녕? 하늘고래야. 내 손에 있는 이것들은 봄의 꽃이야."

하늘다람쥐는 노랗고, 하얗고, 분홍색의 향기들을 손에 꼬옥 쥐고 말했어요.

하늘다람쥐의 말에 하늘고래는 봄의 꽃들에서 시선을 뗄 수가 없었어요.

너무 아름답고 향기로웠거든요.

하늘고래는 하늘다람쥐에게 자신도 그 봄의 꽃을 가질 수 있을지 물어보았어요.

그러자 하늘다람쥐는 고개를 끄덕이며 말했어요.

"그럼~ 하지만 내 손에 있는 이 꽃들은 너에게 줄 수 없어. 대신에 이 꽃들의 씨앗을 너에게 줄게!"

하늘다람쥐는 손을 입으로 쏘옥 집어넣어 볼 안에 있던 세 개의 씨앗을 꺼내 주었어요.

“자! 여기 봄의 꽃 씨앗이야. 하늘고래 네가 잘 키워 준다면 나도 너무 기쁠 거 같아! 너에게도 봄이 찾아오길 바랄게!”

하늘다람쥐의 작은 손에 올라가 있는 세 개의 씨앗을 본 하늘고래는 너무 기뻐서 꼬리를 살랑살랑 흔들었어요.

"정말 정말 고마워, 하늘다람쥐야! 나도 너처럼 봄의 꽃을 이쁘게 피워 볼게!"

"하늘고래야, 나에게 좋은 생각이 있어!"

하늘다람쥐는 하늘고래의 넓은 등을 가리키며 말했어요.

"너의 그 넓은 등을 봄의 꽃으로 가득 채워 보는 건 어때? 그렇게 된다면 너는 항상 봄의 향기를 몸에 두를 수 있을 거야!"

하늘다람쥐의 말에 하늘고래는 자기 등에 가득 찬 봄의 꽃들을 상상해 보았어요.

상상만으로도 너무 이쁘고 향기로운 그 모습에 하늘고래는 고개를 끄덕였어요.

"그렇게 할게. 언젠가는 내 넓은 등을 가득 채우는 봄을 너에게도 보여 줄게!"

"진짜지? 나를 너의 봄의 정원에 꼭 초대해 줘!"

그렇게 말하고는 하늘다람쥐는 이제 집에 가겠다며 손을 흔들고 다시 바람을 타고 짧은 팔다리를 퍼덕이며 날아갔어요.

이제 하늘고래는 혼자가 되었지만, 혼자 남겨진 하늘고래의 등 위에는 봄의 씨앗 세 개가 있었어요.

하늘다람쥐가 꽃가루를 흩날리며 날아간 자리에 하늘고래는 홀로 남아 고민에 빠졌어요.

"어떻게 이 씨앗들을 활짝 피울 수 있을까?"

하지만 홀로 남은 하늘고래가 혼자서 씨앗을 활짝 피우는 방법을 알아내는 것은 너무 어려운 일이었어요.

왜냐하면 하늘고래는 평생 하늘 위를 헤엄치고 다녔기 때문에 땅의 일은 하나도 알지 못했거든요.

그때였어요.

갑자기 푸른 하늘이 어두워지는 게 아니겠어요?

"하늘고래야, 무슨 고민이 있니?"

하늘고래가 고개를 들어 위를 보자 그곳에는 까만 몸을 가지고 항상 훌쩍훌쩍 울고 있는 비구름이 있었어요.

하늘고래는 비구름을 보고 말했어요.

"안녕? 비구름아. 나는 오늘 봄의 씨앗을 받았는데, 이 씨앗을 예쁘게 피우는 방법을 몰라서 지금 고민이야."

비구름은 하늘고래의 등 뒤에 심어진 씨앗들을 이제야 봤다는 듯이 깜짝 놀라며 말했어요.

"어머! 예쁜 씨앗이구나? 씨앗들은 물이 필요하지! 내가 너와 너의 씨앗에게 물을 줘도 될까?"

하늘고래는 기뻐하며 고개를 끄덕였어요.

"씨앗이 꽃을 피우려면 물이 필요하구나. 부탁할게!"

하늘고래가 허락하자 비구름은 하늘고래의 등 뒤에 올라가 물을 뿌려 주기 시작했어요.

그러자 등 뒤에 있던 씨앗에서 자그마한 잎이 나오는 것을 보았어요.

비구름의 말처럼 하늘고래 등에 있는 씨앗들에게 물이 필요했었나 봐요.

새싹들이 피어난 것을 본 하늘고래와 비구름은 기쁜 마음에 계속 물을 주기로 했어요.

비구름이 하늘고래의 등 뒤에 있는 씨앗들에 물을 주었는데, 어느날 하늘고래 등 뒤의 새싹들이 오들오들 떨고 있는 게 보였어요.

비구름은 물을 주는 것을 멈추고 하늘고래에게 다급하게 말했어요.

"하늘고래야, 큰일이야! 새싹들이 추운가 봐! 오들오들 떨고 있어!"

꽃이 활짝 피는 상상을 하고 있던 하늘고래는 화들짝 놀라서 등 뒤를 쳐다보았어요.

등 뒤의 새싹들은 비구름이 말한 대로 오들오들 추위에 떨고 있었어요.

하늘고래와 비구름은 동시에 말했어요.

"따뜻한 햇살을 비춰 주는 해님을 만나러 가야겠다."

하늘고래와 비구름은 추위에 오들오들 떠는 새싹들에게 따뜻한 햇살을 비춰 주기 위해 해님을 찾아 하늘을 헤엄쳤어요.

하늘을 헤엄치는 하늘고래와 비구름은 결국 세상을 환히 비춰 주는 해님 앞에 도착했어요.

그곳에는 해님이 눈을 감고 온 세상을 환하게 비춰 주고 있었죠.

자고 있는 해님을 본 비구름과 하늘고래는 해님에게 조심스레 말을 걸었어요.

“해님! 저희를 좀 도와주실 수 있을까요?”

하늘고래의 간절한 목소리에 해님이 조금씩 눈을 뜨며 말했어요.

“그래, 하늘고래야. 비구름아, 무슨 일이니?”

해님이 잠에서 깨 하늘고래에게 말을 하자 하늘고래와 비구름은 등 뒤의 새싹들을 가리키며 말했어요.

“제 등 뒤에 있는 새싹들이 추워서 오들오들 떨고 있어요. 해님이 이 새싹들을 따뜻하게 해 줄 수 있을까요?”

하늘고래와 비구름의 말에 해님은 오들오들 떨고 있는 새싹들을 보았어요.

해님은 오들오들 떨고 있는 새싹들을 위해 따스한 햇살을 비춰 주며 말했어요.

“새싹들이 더 이상 추워하지 않게 **나의 따스한 봄날의 햇살을 너희에게 줄게.**”

따스한 봄날의 햇살에 비친 새싹들은 추워서 오들오들 떨던 몸을 더 이상 떨지 않게 되었어요.

새싹들이 오들오들 떨지 않게 되자 하늘고래는 비로소 안도하며 활짝 웃었어요.

그때, **햇살을 받은 새싹이 움찔하더니 쑤욱! 하고 예쁜 꽃봉오리가 자라났어요.**

예쁜 꽃봉오리를 본 하늘고래와 해님과 비구름은 활짝 웃었답니다.

시간이 얼마나 지났을까요? 따스한 햇살은 뜨거운 햇살이 되었어요.

하늘고래는 등 뒤가 너무 뜨거워져서 꽃봉오리를 쳐다보았어요. 너무 뜨거울 것 같았거든요.

아니나 다를까 뜨거운 햇살에 꽃봉오리가 너무 뜨거워하는 게 보였어요.

그 모습을 지켜 보던 비구름이 말했어요.

“하늘고래야, 내가 다시 꽃봉오리에 시원한 비를 내려 주어도 될까?”

“응, 그럼~ 부탁해. 비구름아!”

하늘고래의 말에 비구름이 슬쩍 뜨거운 햇살을 가리고 비를 내려 주었어요.

그렇게 꽃봉오리가 추워하면 따스한 햇살을, 더워하면 비를 내려 주며 **하늘고래와 친구들은 꽃봉오리를 정성껏 보살폈어요.**

시간이 지나 뜨거운 햇살은 다시 따스한 햇살이 되었고, 비구름은 눈구름이 되었어요.

어느덧 하얀 눈송이가 하늘고래의 등에 소복소복 눈꽃처럼 쌓이기 시작했어요.

커다랗고 하얀 하늘고래의 등은 꽃봉오리가 있는 곳만 빼고 눈꽃으로 더욱 하얗게 변해 버렸어요.

그리고 해님은 하늘고래도 추울까 봐 햇살을 더욱 넓게 주려고 했어요.

그러자 하늘고래가 말했어요.

"해님~ 저는 괜찮으니 꽃봉오리가 춥지 않게 더 따뜻하게 해 주세요."

하늘고래의 말에 해님은 걱정이 되어 말했어요.

"하늘고래야, 너는 춥지 않니?"

눈구름도 하늘고래가 걱정스럽다는 눈빛으로 쳐다보았지만, 하늘고래는 걱정하지 말라는 듯이 말했어요.

"저는 견딜 수 있지만, 꽃봉오리는 작고 약한 존재라서 추위를 견디기 힘들 거예요."

꽃봉오리를 생각하는 하늘고래의 말에 해님은 하늘고래의 말대로 꽃봉오리가 춥지 않도록 따스한 햇살을 주었어요.

다시 시간이 지났어요.

차갑게 얼어 있던 눈구름의 눈이 녹아 비구름이 되고, 하늘고래의 등에 소복소복 쌓여 있던 눈꽃송이들은 따스한 햇살 덕분에 하늘고래의 등에서 시냇물처럼 졸졸졸 흐르기 시작했어요.

그러던 어느 날이었어요.

너무 힘들고 지친 하늘고래와 비구름, 해님의 눈앞에 아주 작고 예쁜 나비가 날아왔어요.

나비는 하늘고래와 비구름, 해님을 보고는 말했어요.

"저기에서부터 좋은 향기가 나서 왔는데, 잠깐 둘러보아도 될까요?"

하늘고래와 친구들은 나비의 말에 고개를 갸웃거리며 주위를 둘러보았어요.

진짜로 어디선가 향기가 나는 거 같았거든요.

그때였어요.

나비가 앗! 하며 작게 소리치며 하늘고래의 등을 가리켰어요.

하늘고래의 등에는 어느새 봄꽃이 활짝 피어 있었어요.

하늘고래와 친구들은 드디어 보게 된 봄꽃에 기뻐서 환하게 웃었답니다.

해님이 환하게 봄날의 햇살을 비추고, 비구름이 내려 준 물이 하늘고래의 등을 타고 졸졸졸 흘렀어요.

활짝 핀 삼색의 봄꽃들이 모여 하늘고래의 등은 향기로운 향을 가득 품은 예쁜 정원이 되었어요.

하늘고래는 봄의 정원 향기를 온몸으로 맡았어요.

예전에 하늘다람쥐가 들고 있었던 그 아름다운 향기의 감동이 하늘고래의 코끝을 울렸지요.

감동의 향기를 맡은 하늘고래는 눈시울이 붉혀진 걸 참으며 친구들에게 말했어요.

"비구름, 해님, 나비야 너희 덕분이야. 내 등에 예쁜 하늘정원을 만들 수 있게 해 줘서 고마워. 이 봄의 정원에서 느껴지는 행복을 다른 친구들에게도 나눠주고 싶은데 어떻게 해야 할까?"

하늘고래의 말에 봄의 정원을 행복하게 보고 있던 나비가 말했어요.

"그러면 우리가 봄의 정원 초대장을 친구들한테 전달하면 어떨까?"

나비의 말에 하늘고래와 친구들은 웃으며 고개를 끄덕였어요.

더 많은 친구에게 예쁘고 향기로운 행복을 나눠주고 싶었거든요.

하늘고래와 친구들이 하늘을 날아가려고 할 때 갑자기 옆에서 자그마한 목소리가 들렸어요.

"저기..내가 도와줄까?"

목소리를 따라 하늘고래와 친구들이 옆을 보자 그곳에는 살랑살랑 꼬리를 흔들며 두 볼이 발그레한 봄바람이 있는 게 아니겠어요?

"앗! 너는 봄바람이구나? 네가 도와준다면 우리는 너무 기쁠 것 같아! 우리를 어떻게 도와줄 수 있니?"

"사실 그동안 비바람, 해님 그리고 하늘고래 너희가 봄의 정원을 피우는 모습을 보고 나를 더 큰 바람으로 만들기 위해 지켜 주고 사랑으로 보살핀 엄마 생각이 났었어. 나도 저 멀리 엄마에게 예쁜 봄의 정원에서 만나자고 초대하고 싶어. 나에게 하늘고래 정원에 있는 꽃잎 한 장을 주렴. 그럼 내가 그 꽃잎으로 봄의 초대장을 만들어서 모두를 초대해 줄게."

봄바람의 말에 하늘고래는 꽃잎 한 장을 떼서 봄바람에게 주었어요.

하늘고래 정원에만 있는 아주 향기로운 초대장이었죠.

꽃잎을 건네받은 봄바람은 웃으며 말했어요.

"정말 아름답고 향기로운 초대장이다! 내 봄바람에 꽃잎을 얹어서 알려 준다면 분명 더 많은 친구가 이 봄의 정원을 볼 수 있을 거야!"

봄바람은 초대장을 가지고 돌아다니며 온 세상을 봄의 정원 향기로 가득 채우기 시작했어요.

땅, 바다, 하늘에 사는 동물들 모두가 봄의 정원을 품은 봄바람의 향기에 행복했어요.

어느새 하늘고래의 봄의 정원 향기는 하늘을 뒤덮었고, 땅에는 꽃잎이 살랑살랑 눈처럼 내렸어요.

하늘고래의 정원은 친구들의 사랑, 희생 그리고 마음으로 만든 행복의 정원이 되었어요.

하늘고래가 지나는 곳은 항상 행복의 향기와 꽃잎이 가득하니까요.

지금 여러분이 지나가는 길에도 행복의 향기가 느껴진다면 하늘을 올려다보세요.

하늘고래가 부우~ 하며 행복의 향기를 내뿜고 있을 테니까요.

나의 봄, 여름 가을 겨울을 지나 봄이 되어 준 너에게

* * * * * * *

맑은 하늘에 둥실둥실 떠 있는 구름을 보고 귀여운 '하늘고래'를 상상하곤 해요. 이 이야기는 제가 상상한 하늘고래가 예쁜 꽃을 피워서 봄의 정원을 만드는 이야기예요. 사계절을 지나 하늘고래의 등에 예쁜 꽃들이 피어난 것처럼, 우리 아이도 봄의 정원에 있는 꽃처럼 예쁘고 귀한 존재로 만개하기를!

8 유카별과 은하수

까맣고 어두운 밤하늘에는 용이 사는 은빛 강이 있었어요.

바로 은하수였죠.

은하수는 밤하늘을 흘러 흘러 떠돌아다니고 있었어요.

그렇게 밤하늘을 은빛으로 물들이며 돌아다니던 중에 특별한 별을 하나 보았어요.

그 별은 이상하게도 가만히 있지를 못하고 이곳을 보고 저곳을 보고, 또다시 저쪽을 보고 이쪽을 보면서 빙글빙글 돌고 있었죠.

앞을 보고 있는가 싶으면 바로 뒤를 보고, 뒤를 보는가 싶으면 오른쪽을 보고, 오른쪽을 보는가 싶으면 왼쪽을 보고, 은하수는 그런 별을 보면서 뭐가 그리 볼 게 많고 궁금해서 저렇게 빙글빙글 도는지 궁금해졌어요.

그래서 은하수는 살금살금 빙글빙글 도는 별에게 다가갔답니다.

가까이서 본 별은 더더욱 호기심이 많아 보였어요.

이곳을 보고 눈을 빛내고, 저곳을 보고 눈을 빛내며 한시도 가만히 있지 않았죠.

은하수는 그런 별을 보며 말을 건넸어요.

"저기, 너는 왜 그렇게 빙글빙글 돌고 있니?"

"안녕 안녕? 나는 '유카별'이라고 해! 너는 누구니? 나는 지금 저쪽 별에 있는 꽃이 너무 예뻐서 보다가 그 옆 별에 있는 얼음이 너무 반짝이며 빛나길래 보고 있었어!"

유카별은 은하수를 보며 호기심이 생겼는지 눈을 반짝이며 말했어요.

은하수는 그런 유카별을 보며 당황했죠.

하지만 유카별은 그런 은하수의 모습을 신경 쓰지 않고 말했어요.

"**우와~너는 정말 멋지고 예쁜 은빛을 가지고 있구나?** 나는 여기 예쁜 명주실로 만든 따뜻한 털모자가 있는데, 네가 쓰면 잘 어울릴 거 같으니까 너에게 줄게!"

은하수는 유카별이 주는 털모자를 얼떨결에 받았어요.

그리고는 말했죠.

"고.. 고마워..! 나도 너에게 무언가를 주고 싶은데 줄 게 없어. 어쩌지?"

그러자 유카별은 상관없다는 듯이 괜찮다면서 다시 다른 곳을 보기 위해 빙글빙글 돌기 시작했어요.

계속해서 빙글빙글 도는 유카별이 너무 신기했던 은하수는 다시 유카별에게 말을 걸었어요.

"그렇게 빙글빙글 돌면 어지럽지 않니?"

"응? 당연히 어지럽지만, 이 세상에는 흥미로운 게 너무너무 많은걸? 어떻게 내가 가만히 있겠니?"

은하수는 유카별의 말을 이해하기는 힘들었지만, 은하수의 눈에는 유카별이 너무 흥미로웠어요.

"그렇다면 유카별아! 나의 은하수를 한번 둘러보지 않을래? 너에게 흥미로운 무엇인가를 나의 은하수 안에서 찾아보는 건 어때?"

"정말 정말? 그럼 너의 은하수 안을 한번 헤엄쳐 볼게!"

유카별은 은하수를 헤엄쳐 들어가기 시작했어요.

은하수 안에 들어간 유카별은 신나게 돌아다니기 시작했어요.

은빛의 강물을 신나게 헤엄치는 유카별의 얼굴은 너무 즐거워 보였어요.

“세상에! 이 은빛의 은하수는 너무 예쁘다!”

은하수는 자신 안에서 이리저리 헤엄치는 유카별을 보며 웃었어요.

“어때? 재미있어?”

“응응! 너무 넓고 예쁘다. 너무너무 재미있고 아름다워.”

그러던 중 유카별은 은하수 안에 아주 예쁘게 생긴 은색의 결정체를 보게 되었어요.

호기심을 참을 생각이 없던 유카별은 바로 은색의 결정체를 향해 헤엄치기 시작했어요.

이윽고 다다른 은색의 결정체는 작고 예쁜 하트였어요.

아주 작고 약해 보였지만 너무나 예뻤죠.

유카별은 홀린 듯이 은색의 하트에 조심스레 손을 뻗었어요.

그러자 은하수가 다급하게 소리를 쳤죠.

"안 돼! 그건 건드리지 말아 줘!"

은하수의 다급한 말에 유카별은 뻗던 손을 멈추고 은하수에게 물었어요.

“이게 무엇이길래 그러니 은하수야?”

“사실 나도 잘 모르지만, 누군가의 소원을 담은 소리가 거기에 담겨 있어. 그래서 그 간절한 소리를 찾아 돌아다니는 중에 너를 만난 거지!”

유카별은 은하수의 말에 더더욱 호기심이 생겼어요.

이렇게 예쁜 하트 안에 간절한 소원을 담아서 은하수를 찾는다니 너무너무 흥미로운 일이 아니겠어요?

"저기, 은하수야! 혹시 이런 하트가 한 개만 있는 거니?"

"아니, 내가 은빛으로 빛나는 이유는 이런 하트가 곳곳에서 빛을 내기 때문이야."

"그럼, 우리 그 하트를 모아 볼래? 다 모아 보면 누가 소원을 비는지 알 수 있지 않을까?"

유카별의 말에 은하수는 고개를 끄덕였어요.

"그렇겠다! 너 정말 똑똑하구나?"

"헤헤, 그럼 내가 빨리빨리 돌아다니며 모아 볼게!"

"고마워, 유카별아!"

유카별은 은하수의 허락을 받고 바로 은색 하트를 모으러 돌아다녔어요.

넓고 넓은 은하수를 돌아다니며 하나하나 은색 하트를 주울 때마다 유카별은 간절한 소원의 목소리를 들었답니다.

그런데 유카별은 은색 하트의 소원을 듣고는 의아한 표정을 지었어요.

"은하수야, 너무 이상해! 목소리는 다 다른데 내용은 다 똑같아."

"그게 무슨 소리니, 유카별아?"

유카별은 모아 둔 은색 하트를 은하수에게 주며 말했어요.

“자! 들어 봐, 은하수야!”

‘우리 아기가 건강하게 잘 자랐으면 좋겠어요!’

‘우리 아기가 무탈하고 건강하게 잘 자랐으면 좋겠어요!’

‘우리 아기가 아프지 않고 행복하게 잘 자랐으면 좋겠어요!

목소리는 다 달랐지만, 대부분 비슷한 소원이었어요.

“그치? 대체 ‘아기’라는 게 무엇이길래 이렇게 소원을 비는 걸까?”

유카별은 이제 아기라는 것이 무엇인지 알고 싶어졌어요.

“은하수야, 나는 이제 이 아기라는 걸 찾아보고 싶어! 너는 어떻게 할래?”

유카별의 말에 은하수도 아기가 무엇인지 알고 싶어졌어요.

그래서 은하수는 자신도 아기를 찾으러 가고 싶다고 말했답니다.

은하수와 유카별은 아기를 찾기 위해 여행을 시작했어요.

“이쪽에서 더 선명하게 목소리가 들려.”

은하수와 유카별은 넓고 어두운 우주에서 은색 하트에서 들리는 목소리를 나침반으로 삼고, 서로를 지팡이 삼아 의지하며 돌아다녔어요.

“은하수야! 저길 봐! 아주 뜨거워 보이는 행성이야! 우리 한번 가 볼까?!”

때로는 유카별의 엉뚱한 호기심에 아주 뜨거운 행성에 몸이 데기도 해요.

“유카별아, 저 허리띠를 두른 별은 너무 무서워.”

은하수가 허리띠를 두른 별에 겁을 먹고 발걸음을 멈춰서 유카별이 응원해 주기도 했어요. 둘은 우주에서 둘도 없는 사이가 되었어요.

그러던 어느 날이었어요.

"은하수야, 은하수야! 저길 봐! 반은 반짝이고 반은 어두운 신기한 별이 있어!"

"그러게? 신기한 별이다!"

그런 유카별과 은하수의 말을 들은 건지 신기한 별이 갑자기 유카별과 은하수에게 말을 걸었어요.

"안녕? 호기심 많은 별아, 안녕 예쁜 은하수야? 나는 '달'이라고 해."

"앗? 저희 말이 들리셨어요?"

유카별은 화들짝 놀라 입을 가리며 말했어요.

"하하! 그렇단다. 그런데 너희는 어딜 그렇게 돌아다니니?"

"저희는 이 은색 하트에서 나오는 아기가 무엇인지 궁금해서 찾아다니고 있었어요!"

유카별은 손에 꼭 쥐고 있던 은색 하트를 달에게 보여 주며 말했어요.

그러자 달은 그 은색 하트를 보고 고개를 끄덕이며 말했답니다.

"이걸 아세요?"

달이 무엇인가 알고 있는 것처럼 보이자 유카별 뒤에 조용히 숨어 있던 은하수가 고개를 빼꼼 내밀고는 달에게 물었어요.

그런 은하수가 귀여웠는지 달은 웃으며 말했어요.

"그래, 저기 조금만 더 가면 '지구'라는 별이 있는데, 거기에 사는 **사람들의 진실하고 간절한 소원이 하늘로 전해질 때 예쁘고 아름다운 하트가 된단다."**

달의 말에 유카별은 활짝 웃으며 말했어요.

"그럼 그 지구별에 가면 아기를 볼 수 있는 건가요?"

"그럼~ 아기도, 엄마도, 아빠도 볼 수 있단다!"

"엄마, 아빠요?"

유카별은 고개를 갸웃거렸어요.

'엄마', '아빠'는 또 처음 들어보는 말이었기 때문이었어요.

"엄마, 아빠는 아기 덕분에 웃기도, 울기도, 행복하기도, 슬퍼하기도 하는 그런 존재란다."

"무슨 말인지 모르겠어요."

은하수는 달의 말을 듣고도 엄마, 아빠가 무엇인지 잘 모르겠다는 듯이 말했어요.

그러자 달은 다시 말했답니다.

"저 앞에 너희가 찾는 아기가 있어. 그리고 엄마, 아빠도 같이 있을 테니 한번 가서 보렴."

달이 가리킨 곳에는 저 멀리 푸른 별이 아주 아주 작게 보였어요.

"네, 그게 좋을 거 같아요! 직접 보러 가고 싶어요. 정말 고마웠어요. 달님!"

"감사합니다."

유카별과 은하수는 달에게 꾸벅 인사를 하고 바로 몸을 돌려 지구별을 향해 뛰어가기 시작했어요.

"아주 소중하고 귀한 소원이구나."

달이 가리킨 방향으로 가다 보니 작아 보이던 푸른 별이 점점 유카별과 은하수 앞에 가까워졌어요.

다가간 푸른 별 지구는 유카별보다, 은하수보다도 훨씬 큰 별이었어요.

"이것 봐! 은하수야, 진짜로 저기서 소원의 목소리가 들리는 거 같아! 여기가 지구가 맞나 봐!"

유카별은 손에 쥐고 있던 은색 하트에 귀를 갖다 대더니 확신에 찬 목소리로 말했어요.

"진짜로 맞아! 여기야!"

은하수는 유카별의 말에 감격에 겨운 듯 눈물이 그렁그렁해져서 지구를 보았어요.

그리고는 유심히 지켜 보았죠.

아기가 무엇인지 그리고 엄마, 아빠가 무엇인지.

드디어 지구에서 유카별과 은하수는 아기가 무엇인지 알 수 있었어요.

아주 작고 연약한 생명체였죠.

"은하수야. 아기가 건강하게 잘 자라 달라고 비는 건 저렇게 작고 연약해서 그런 걸까?"

"나도 잘 모르겠어. 아직은."

유카별의 질문에 은하수는 선뜻 대답할 수가 없었어요.

그저 작고 연약한 아기를 보는 엄마와 아빠의 눈빛이 눈에 아른아른했기 때문이었어요.

"유카별아, 나는 여태껏 엄마와 아빠가 보여 주는 저런 눈빛을 본 적이 없어."

은하수의 말에 유카별은 다시 지구를 쳐다보았어요.

그곳에는 아이의 행동 하나하나에 화도 내고, 울고, 웃고, 행복해 하는 엄마와 아빠가 보였답니다.

이제 유카별은 아기가 궁금하지 않아졌어요.

엄마와 아빠가 궁금해졌답니다.

그러다가 유카별이 갑자기 장난스러운 얼굴을 하며 은하수를 보며 말했어요.

"저기, 은하수야. 나는 또 하고 싶은 게 생겼어."

"그게 무엇이니, 유카별아?"

유카별은 지구 쪽으로 시선을 돌리며 웃었어요.

은하수는 그런 유카별의 해맑은 웃음이 보기 좋았지만, 한편으로는 무서워졌어요.

'또 무엇을 할까?' 하는 생각이 들었어요.

"나는 지구로 갈 거야. 나도 나를 사랑스럽게 봐주는 엄마 아빠를 가지고 싶어!"

유카별은 그렇게 말하고는 은하수를 향해 고개를 돌리며 말했어요.

"너도 같이 가자! 나랑 함께 사랑받으러 가자! 엄마 아빠를 가져 보자!"

유카별의 말에 은하수는 잠시 고민했어요.

은하수는 선뜻 그러자고 하기에는 너무 겁이 났어요.

"유카별아, 나는 겁이 나서 그러는데 네가 먼저 가 줄 수는 없겠니?"

은하수의 말에 유카별은 잠시 생각하다가 고개를 끄덕였어요.

"그래! 내가 먼저 갈게! 잘 봐! 내가 저기 점찍은 엄마랑 아빠야!"

유카별의 손끝에는 다정해 보이는 남자와 여자가 있었답니다.

"그럼 난 이만 가 볼게! 은하수야! 잊지 말고 얼른 따라와! 우리 같이 전처럼 손잡고 돌아다니자."

유카별은 은하수에게 뽀뽀하고는 별똥별이 되어 지구로 내려갔어요.

유카별은 다정해 보이는 남자와 여자의 보물이 되었어요.

남자는 아빠가, 여자는 엄마가 되었답니다.

시간은 흘러 유카별이 별똥별이 되어 지구로 내려간 지 일 년이 지났어요.

은하수는 대부분을 유카별과 엄마, 아빠를 보고 있었답니다.

그러던 중 어느 날 은하수가 말했어요.

"이제는 나도 사랑받고 싶다."

그리고 은하수는 바로 몸을 움직이기 시작했어요.

엄마와 아빠를 향해 별똥별이 되어 지구로 내려갔어요.

이제 유카의 엄마와 아빠에게는 또 하나의 보물이 생겼어요.

우리를 찾아와 준 너희에게

* * * * * * *

'유카'와 '미미'라는 우리 아이들의 태명으로 만든 이 이야기는 '이렇게 멋진 두 보물이 우리를 어떻게 찾아와 주었을까?' 하는 상상으로 시작했어요. 아이가 태어나고, 아이를 기르며 가장 많이 비는 소원은 아마도 '우리 아기가 건강하게 잘 자랐으면 좋겠어요'일 거예요. 우리 아이들은 이런 간절하고 멋진 소원을 듣고 지구에 와서 그중에서 가장 멋지고 귀한 사람들에게 사랑받고 싶어서 기나긴 여행을 하지 않았을까요? 반짝이는 별들아, 긴 여행을 끝내고 우리에게 와 줘서 고마워!

9

엄마의 사계절 그리고 봄

어느 작은 마을에 아주 큰 나무가 있었어요.

큰 나무는 작은 마을을 한눈에 담을 수 있을 정도로 매우 크고 높았어요.

큰 나무의 취미는 작은 마을 안의 더 작은 사람들을 보는 것이었어요.

마치 개미처럼 귀여운 사람들이 뽈뽈뽈 돌아다니는 모습을 보는 게 무척 재미있었거든요.

여느 날처럼 큰 나무가 행복한 꽃향기로 작은 마을을 덮던 어느 봄날이었어요.

작은 마을에 이사 오는 소리가 저 멀리서 들려서 그 소리를 따라가 보니 한 부부가 있었어요.

이 부부는 작은 마을을 가득 덮은 꽃향기가 무척 마음에 들었어요.

그리고 부부는 마을에 가득한 꽃향기에 행복한 미소를 지으며 손을 꼬옥 잡고 매일 산책을 했어요.

그러던 어느 날이었어요.

여느 때처럼 부부는 손을 꼬옥 잡고 산책을 하다 갑자기 여자가 코를 벌름벌름하더니 남자에게 말을 했어요.

"여보~이 마을은 어딜 가도 꽃향기가 가득해서 너무 행복해요. 이 향기를 맡으면 행복해지는 기분이에요!"

여자는 남자에게 작은 목소리로 속삭였지만 큰 나무는 선명하게 들을 수 있었어요.

나무는 여자의 말에 너무 뿌듯한 나머지 나뭇가지를 흔들며 더 진한 향기를 뿜어냈어요.

사실 이 마을에 있는 사람들은 항상 바쁘게 움직였고, 나무가 마을에 뿌리는 향기가 좋다는 사람은 없었거든요.

그 이후로 나무는 부부가 손을 잡고 나올 때면 항상 그들을 바라보고 그들이 지나가는 방향으로 더 진하고 행복한 꽃향기로 덮어 주었어요.

햇살이 점점 뜨거워지는 어느 날 큰 나무는 이상함을 느꼈어요.

여자의 얼굴은 점점 수척해지고 자신의 통통한 몸통처럼 여자의 배가 조금씩 나오기 시작했어요.

큰 나무는 날이 갈수록 점점 배가 나오는 여자의 모습에 호기심이 생겼어요.

그래서 긴 나뭇가지를 살금살금 뻗어서 부부에게 기울여서 그들의 대화를 들었어요.

“여보~ 우리 튼튼이가 오늘은 뭐 먹고 싶대요?”

“음, 글쎄? 오늘은 우리 튼튼이가 진짜 맛있는 고기가 먹고 싶다고 하네~”

“그래? 뱃속에 있는 우리 아가가 먹고 싶다면 이 아빠가 당장 사 와야지!”

부부의 대화를 엿들은 큰 나무는 깨달았어요.

여자의 배가 점점 나오는 이유는 뱃속에 아기가 있다는 것을요.

대화를 들으며 뱃속 아기를 상상한 큰 나무는 **‘이 사랑스러운 부부 사이에서 태어나는 아기는 얼마나 이쁠까?’ 하고 생각하며 가슴이 두근거렸어요.**

시간이 지나 큰 나무의 나뭇가지에 푸르른 나뭇잎이 돋아났어요.

태양이 높게 떠오르고, 땅이 지글지글 끓어오르는 어느 날이었어요.

큰 나무는 혼자 힘겹게 산책을 나온 여자를 보고 걱정이 되었어요.

'지금 햇빛이 가장 뜨거운 시간인데 혼자 산책을 나왔네.. 어떡하지?'

"튼튼아, 오늘 너무 덥지?"

여자는 햇빛이 더운지 손으로 뜨거운 햇살을 가렸다가 부채질을 하며 산책을 계속 이어 갔어요.

그 모습을 본 큰 나무는 여자와 뱃속에 있는 아기가 걱정되었어요.

'내가 햇빛을 가려줘야겠어!'

그래서 큰 나무는 잎이 풍성한 나뭇가지를 슬그머니 여자의 머리 위로 뻗어 주었어요.

그러고는 입으로 바람을 후~ 후~ 하고 불어 주었답니다.

"어라? 여기에 그늘이 있었네? 선선한 바람도 불고 여기에 잠시 앉았다가 가야겠다."

여자는 벤치에 앉아서 큰 나무의 그늘에서 큰 나무가 불어 주는 선선한 바람을 받으며 잠시 쉬었어요.

“푸른 하늘에 푸른 잎, 선선한 바람까지~너무 좋다! 튼튼아~ 우리 내년에는 이 나무 아래 시원한 그늘 밑에서 같이 바람도 쐬어 보자!”

여자는 눈을 감고 배를 쓰다듬으며 말했어요.

시간은 점점 더 빠르게 흘러갔어요.

영원히 쨍쨍할 줄 알았던 햇빛도 점점 약해지기 시작했죠.

큰 나무 주변에 있는 다른 나무의 이파리가 점점 갈색이 되어도 부부의 산책은 멈추지 않았죠.

여자는 한 손으로는 남자의 손을 잡고, 다른 한 손으로는 배를 받치며 힘겹게 산책을 이어 나갔어요.

몸은 힘들지만 둘이 보내는 온전한 시간을 더 간직하고 싶었기 때문이에요.

어느 날이었어요.

색이 바래진 이파리들이 쌀쌀해진 바람에 추워하는 바닥을 이불처럼 덮어 주는 모습을 보고 여자가 말했어요.

"벌써 가을이라니 시간이 정말 빠르다 여보. 우리 이사 온 게 봄이었는데 벌써 가을이야. 이제 출산도 얼마 남지 않았고, 나 너무 무섭고 겁나."

기운 없이 말하는 여자의 말을 들은 큰 나무는 그녀를 위해 뭐라도 해 주고 싶었어요.

그래서 큰 나무는 힘을 내어 울긋불긋해지기 시작했어요.
지금 큰 나무가 보여 줄 수 있는 가장 화려한 모습이었죠.

나무는 노을을 품은 것처럼 예쁜 빨간 단풍나무가 되었어요.

자신이 가지고 있는 빨간 단풍잎 중 가장 예쁜 단풍잎을 살랑살랑 바람에 실어 부부에게 보내 주었어요.

"어머! 여보, 이것 봐! 이 단풍 색깔 정말 예쁘다! 이렇게 예쁜 빨간 단풍잎은 처음이야!"

그리고 여자는 예쁘게 변한 큰 나무를 보며 배를 쓰다듬고 말했어요.

"튼튼아~ 단풍이 너무 예쁘지? 우리 튼튼이도 나중에 엄마, 아빠랑 같이 예쁜 빨간 단풍 보러 오자!"

여자가 배를 쓰다듬고 하는 말에 큰 나무도 나뭇가지를 기울여서 자신의 빨간 손 같은 단풍잎을 내밀었어요.

'살랑살랑~'

큰 나무의 빨간 단풍잎은 여자의 배를 살랑살랑 쓰다듬어 주었어요.

여자의 배에 올라온 빨간 단풍잎을 본 남자는 웃으며 여자 배에 있는 잎을 주운 뒤 말했어요.

"이게 가장 이쁜 단풍잎 같아. 내가 집에 가서 책갈피로 만들어 줄게!"

"응, 너무 좋다! 나중에 우리 튼튼이한테도 보여 주자!"

여자는 활짝 웃으며 남자 팔짱을 끼고 다시 집으로 돌아갔어요.

그 모습이 큰 나무가 본 그 부부의 마지막 모습이었어요.

시간이 지나 땅에 내려앉은 빨간 단풍잎 위에 어느새 소복소복 눈이 쌓이는 계절이 왔어요.

부부의 집에서는 자동차만 왔다 갔다 할 뿐 남자도, 여자도 큰 나무의 눈에는 보이지 않았어요.

큰 나무는 너무 슬펐어요.

그래서인지 이쁘게 피워 낸 붉은 단풍잎도 점점 색이 바래지고 시들시들해졌어요.

어느새 큰 나무 위의 빨간 단풍잎은 보이지 않고, 그 위에는 차가운 하얀 눈이 쌓였답니다.

큰 나무는 몸에 닿은 눈의 한기를 온몸으로 느끼며 몸을 떨며 울었답니다.

부부가 없는 마을의 시간은 큰 나무의 의지와는 상관없이 계속 흘러갔어요.

나뭇가지 위에 소복이 쌓인 눈은 큰 나무가 슬퍼서 눈물을 흘리는 듯 녹아서 나뭇가지를 타고 흘러내렸답니다.

'뚝 뚝 뚝'

그러던 어느 날, 나뭇가지 위에 쌓인 눈이 다 녹아 흘러내린 어느 날이었어요.

저 멀리 부부의 집 앞에서 부산스러운 소리가 들렸답니다.

큰 나무는 황급히 부부의 집 앞을 바라보았어요.

그곳에는 여자와 남자 그리고 작고 소중한 아기의 모습이 보였어요.

세 가족이 산책하는 모습을 물끄러미 지켜 보던 큰 나무는 꽃향기에 행복해하던 여자의 모습이 생각났어요.

큰 나무는 몸에 있는 물기를 털어 내고는 온 힘을 다해 꽃을 피웠어요.

'활짝'

큰 나무의 나뭇가지에는 분홍 꽃들이 풍성하게 피기 시작했어요.

향기롭게 핀 벚꽃을 본 부부는 유모차에 타고 있는 아기를 안아 들고는 분홍색 벚나무를 아기에게 보여 주었어요.

"튼튼아~ 이 나무가 우리 마을에서 가장 향기롭고 예쁜 나무야! 튼튼이가 엄마 뱃속에 있었을 때 맡았던 향 기억나? 실제로 보니까 너무 예쁘지?"

큰 나무는 행복해 하는 세 가족을 보고 손을 흔들듯이 분홍색 꽃잎으로 장식된 나뭇가지를 살랑살랑 흔들었어요.

'팔랑팔랑~'

살랑살랑 흔들리는 나뭇가지에서 분홍 꽃잎이 팔랑이며 세 가족에게 따스한 눈처럼 흩날렸어요.

세 가족의 세상은 아름다운 분홍빛으로 물들었고, 매년 그곳에서 그들의 추억을 남기는 봄이자 향기의 장소가 되었답니다.

너의 세상은 분홍빛이기를 바라며

＊＊＊＊＊＊＊

우리 아이를 위해 하나의 소원을 빌어준다면 무엇이 좋을까? 저는 '우리 아이가 항상 행복했으면..'이라고 빌 거예요. 햇살이 따가우면 그늘이 되어 주고, 세상이 삭막해 보이면 화려함도 보여 주고, 겨울에 눈이 쌓이더라도 결국 우리 아이들을 위해서 분홍빛 꽃으로 세상을 물들이는 우리의 마음을 예쁘게 보여 주고 싶어요. 여러분의 마음에도 행복을 가득 담은 분홍빛으로 가득 물들길 바라요.

작은 심장에게 들려주는
엄마 아빠 목소리

펴낸날 초판 1쇄 2025년 5월 30일

지은이 최문기, 이주연

펴낸이 강진수
편　집 김은숙, 우정인
디자인 이재원

인　쇄 (주)사피엔스컬쳐

펴낸곳 (주)북스고 **출판등록** 제2024-000055호 2024년 7월 17일
주　소 서울시 서대문구 서소문로 27, 2층 214호
전　화 (02) 6403-0042 **팩　스** (02) 6499-1053

ISBN 979-11-6760-102-5 13590

책 출간을 원하시는 분은 이메일 booksgo@naver.com로 간단한 개요와 취지, 연락처 등을 보내주세요.
Booksgo는 건강하고 행복한 삶을 위한 가치 있는 콘텐츠를 만듭니다.